日本音響学会 編
The Acoustical Society of Japan

音響サイエンスシリーズ **18**

音声言語の自動翻訳
コンピュータによる自動翻訳を目指して

中村 哲
編著

Sakriani Sakti　　Graham Neubig
戸田智基　　高道慎之介
共著

コロナ社

音響サイエンスシリーズ編集委員会

編集委員長
富山県立大学
工学博士　平原　達也

編 集 委 員

熊本大学
博士(工学)　　　川井　敬二

九州大学
博士(芸術工学)　河原　一彦

千葉工業大学
博士(工学)　　　莇木　禎史

小林理学研究所
博士(工学)　　　土肥　哲也

神奈川工科大学
工学博士　　　　西口　磯春

日本電信電話株式会社
博士(工学)　　　廣谷　定男

同志社大学
博士(工学)　　　松川　真美

(五十音順)

(2017 年 6 月現在)

刊行のことば

　音響サイエンスシリーズは，音響学の学際的，基盤的，先端的トピックについての知識体系と理解の現状と最近の研究動向などを解説し，音響学の面白さを幅広い読者に伝えるためのシリーズである。

　音響学は音にかかわるさまざまなものごとの学際的な学問分野である。音には音波という物理的側面だけでなく，その音波を受容して音が運ぶ情報の濾過処理をする聴覚系の生理学的側面も，音の聴こえという心理学的側面もある。物理的な側面に限っても，空気中だけでなく水の中や固体の中を伝わる周波数が数ヘルツの超低周波音から数ギガヘルツの超音波までもが音響学の対象である。また，機械的な振動物体だけでなく，音を出し，音を聴いて生きている動物たちも音響学の対象である。さらに，私たちは自分の想いや考えを相手に伝えたり注意を喚起したりする手段として音を用いているし，音によって喜んだり悲しんだり悩まされたりする。すなわち，社会の中で音が果たす役割は大きく，理科系だけでなく人文系や芸術系の諸分野も音響学の対象である。

　サイエンス（science）の語源であるラテン語の *scientia* は「知識」あるいは「理解」を意味したという。現在，サイエンスという言葉は，広義には学問という意味で用いられ，ものごとの本質を理解するための知識や考え方や方法論といった，学問の基盤が含まれる。そのため，できなかったことをできるようにしたり，性能や効率を向上させたりすることが主たる目的であるテクノロジーよりも，サイエンスのほうがすこし広い守備範囲を持つ。また，音響学のように対象が広範囲にわたる学問分野では，テクノロジーの側面だけでは捉えきれない事柄が多い。

　最近は，何かを知ろうとしたときに，専門家の話を聞きに行ったり，図書館や本屋に足を運んだりすることは少なくなった。インターネットで検索し，リ

刊 行 の こ と ば

ストアップされたいくつかの記事を見てわかった気になる。映像や音などを視聴できるファンシー（fancy）な記事も多いし，的を射たことが書かれてある記事も少なくない。しかし，誰が書いたのかを明示して，適切な導入部と十分な奥深さでその分野の現状を体系的に著した記事は多くない。そして，書かれてある内容の信頼性については，いくつもの眼を通したのちに公刊される学術論文や専門書には及ばないものが多い。

　音響サイエンスシリーズは，テクノロジーの側面だけでは捉えきれない音響学の多様なトピックをとりあげ，当該分野で活動する現役の研究者がそのトピックのフロンティアとバックグラウンドを体系的にまとめた専門書である。著者の思い入れのある項目については，かなり深く記述されていることもあるので，容易に読めない部分もあるかもしれない。ただ，内容の理解を助けるカラー画像や映像や音を附録 CD-ROM や DVD に収録した書籍もあるし，内容については十分に信頼性があると確信する。

　一冊の本を編むには企画から一年以上の時間がかかるために，即時性という点ではインターネット記事にかなわない。しかし，本シリーズで選定したトピックは一年や二年で陳腐化するようなものではない。まだまだインターネットに公開されている記事よりも実のあるものを本として提供できると考えている。

　本シリーズを通じて音響学のフロンティアに触れ，音響学の面白さを知るとともに，読者諸氏が抱いていた音についての疑問が解けたり，新たな疑問を抱いたりすることにつながれば幸いである。また，本シリーズが，音響学の世界のどこかに新しい石ころをひとつ積むきっかけになれば，なお幸いである。

　2014 年 6 月

音響サイエンスシリーズ編集委員会

編集委員長　平原　達也

ま え が き

　話した言葉をその場で相手の言語に翻訳して，あたかも母国語で話している
かのようなコミュニケーションを可能とするのが，自動音声翻訳あるいは音声
自動通訳システムと呼ばれるものである。すでに，種々の SF 映画や漫画では
当たり前のように出てくる技術であるが，長い研究開発の末，ようやく実現が
近付いてきた。特に，日本人の外国語への苦手意識がきわめて高いことから，
わが国では世界に先駆けて音声翻訳の研究が，1986 年に国際電気通信基礎技
術研究所の中の自動音声翻訳研究所において開始された。筆者の中村はその発
足から 3 年間プロジェクトに参加，さらに，2000 年から 2011 年までプロジェ
クトを率いる立場で参画した。その中で，コーパスベースの確率モデルによる
統計的な音声認識・合成や機械翻訳へのパラダイムシフト，多言語化のための
国際共同研究，標準化，種々の実証実験，携帯電話による音声翻訳の実用化な
どを経験，主導した。本書ではこれらの活動を通した，これまでの自動音声翻
訳・自動音声通訳技術の研究開発について述べていく。

　本書は，筆者の中村が 2011 年に奈良先端科学技術大学院大学に異動し，知
能コミュニケーション研究室で，共著者の戸田，Sakti，Neubig とともに音声
自動通訳の基礎研究を行ったことを機に執筆を決心した。それぞれ，音声翻訳
のプロジェクトを率いてきた中村，音声合成および声質変換の専門家である戸
田と高道，多言語音声認識の専門家である Sakti，そして，機械翻訳の専門家
である Neubig という，執筆時点で研究の先端を行く筆者が本執筆を担当した。

　本書の出版においては，音響サイエンスシリーズ編集委員会 委員長の富山
県立大学の平原達也教授に本書のご提案をいただいた。また，コロナ社には企
画から原稿の出版まで長きにわたり大変ご尽力をいただいた。また，これまで
音声翻訳の研究開発をともに進めてきた株式会社 エイ・ティ・アール自動翻

iv　　ま　え　が　き

訳電話研究所，音声翻訳通信研究所，音声言語通信研究所，株式会社国際電気通信基礎技術研究所・音声言語コミュニケーション研究所，情報通信研究機構の共同研究者の皆様，音声翻訳の研究に継続的に資金提供していただいた総務省，文部科学省，内閣府の皆様，そして，奈良先端科学技術大学院大学情報科学研究科知能コミュニケーション研究室のスタッフ，学生諸君に感謝する。

2018 年 3 月

中村　　哲

執筆分担

中村　哲	1章，2章，3.1節，3.2節（日本語訳），4章，5.1節，6章
Sakriani Sakti	3.2節（英語原文）
Graham Neubig	3.3節，5.2節
戸田智基	3.4節
高道慎之介	3.4節

目　　　次

―――第1章　音声翻訳の概要―――

1.1　音声翻訳システム ……………………………………………………… *1*

1.2　自動音声翻訳のこれまで ……………………………………………… *2*

引用・参考文献 ……………………………………………………………… *5*

―――第2章　話し言葉の異言語コミュニケーション―――

2.1　話し言葉の性質 ………………………………………………………… *6*

2.2　コミュニケーションとはなにか ……………………………………… *10*

2.3　言語情報と非言語情報の役割 ………………………………………… *14*

引用・参考文献 ……………………………………………………………… *15*

―――第3章　自動音声翻訳の構成要素―――

3.1　音声翻訳モデル ………………………………………………………… *17*

3.2　音　声　認　識 ………………………………………………………… *18*

　3.2.1　音声認識システムの概要 ………………………………………… *18*

　　3.2.2　音声認識技術のマイルストーン ……………………………… *20*

　　　3.2.3　音声認識技術 …………………………………………………… *23*

3.3　機　械　翻　訳 ………………………………………………………… *43*

　3.3.1　人間の翻訳と機械の翻訳 ………………………………………… *43*

　　3.3.2　機械翻訳の難しさ ………………………………………………… *45*

　　　3.3.3　翻訳システムの作り方 ………………………………………… *46*

　　　　3.3.4　対訳データの収集・対応付け ………………………………… 47

　　　　3.3.5　フレーズベース翻訳 ……………………………………………… 49

　　　　3.3.6　木に基づく翻訳 …………………………………………………… 55

　　　　3.3.7　ニューラルネットに基づく機械翻訳 ………………………… 58

　　　　3.3.8　翻訳結果の評価 …………………………………………………… 65

　　　　3.3.9　機械翻訳の現状と未解決問題 ………………………………… 67

3.4　音　声　合　成 …………………………………………………………… 68

　　3.4.1　音声合成の歴史 ……………………………………………………… 69

　　3.4.2　テキスト音声合成の仕組み ………………………………………… 70

　　3.4.3　統計的パラメトリック音声合成方式 ……………………………… 77

　　3.4.4　非言語情報およびパラ言語情報の制御 ………………………… 86

　　3.4.5　合成音声の評価 ……………………………………………………… 90

　　3.4.6　音声合成の現状と今後の課題 …………………………………… 91

引用・参考文献 …………………………………………………………………… 93

第4章　音声翻訳の研究プロジェクトとシステム

4.1　ATR と NICT プロジェクト …………………………………………… 105

　　4.1.1　ATR プロジェクト …………………………………………………… 105

　　4.1.2　NICT プロジェクト ………………………………………………… 127

4.2　世界のおもな音声翻訳プロジェクト ………………………………… 130

4.3　国際共同研究と音声翻訳標準化 ……………………………………… 135

　　4.3.1　C-STAR ………………………………………………………………… 135

　　4.3.2　A-STAR ………………………………………………………………… 136

　　4.3.3　IWSLT …………………………………………………………………… 136

　　4.3.4　国 際 標 準 化 ………………………………………………………… 138

　　4.3.5　U-STAR ………………………………………………………………… 140

引用・参考文献 …………………………………………………………………… 140

第5章 音声同時通訳

5.1 同時通訳者の処理と認知モデル ……………………………… 144

5.2 コンピュータはいかに同時通訳者に迫るか ……………… 147

 5.2.1 翻訳タイミングの決定 …………………………………… 148

  5.2.2 未発話内容の予測 …………………………………… 152

   5.2.3 表 現 の 工 夫 …………………………………… 154

   5.2.4 同時音声翻訳システムの評価 …………………… 156

引用・参考文献 …………………………………………………… 158

第6章 究極の音声翻訳

6.1 理想的な音声翻訳モデル ……………………………………… 160

6.2 パラ言語音声翻訳 ……………………………………………… 161

6.3 音 声 画 像 翻 訳 ……………………………………………… 163

6.4 speech-chain への挑戦 ……………………………………… 165

6.5 end-to-end 音声翻訳 ………………………………………… 166

6.6 音声翻訳の課題と今後 ………………………………………… 168

引用・参考文献 …………………………………………………… 171

あ と が き ………………………………………………… 172

索 引 ………………………………………………… 176

第1章 音声翻訳の概要

1.1 音声翻訳システム

音声翻訳システムの全体像を図 1.1 に示す。音声翻訳は，大まかに言って入力音声の言語情報を認識する多言語音声認識，多言語機械翻訳，そして翻訳されたテキストを読み上げる音声合成から構成される。また，原言語の入力音声に含まれる感情，発話スタイル，声質，韻律などは言語を変換しても目的言語で保持されるように保存，変換する必要がある。これらの処理は難易度が高いため，どのような話題について話しているかの話題知識（ドメイン知識とも言う）と，対話履歴や知識で内容を補って認識，翻訳を行っていく。現状では，文字化できる情報（言語情報）のみに注目し，話題を限定した状況で，多

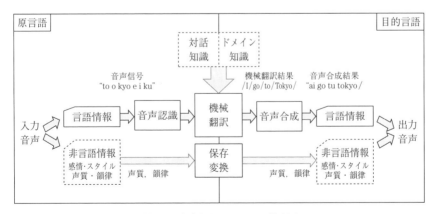

図 1.1 音声翻訳システムの構成図

2　1. 音声翻訳の概要

言語の音声認識，機械翻訳，音声合成と，それらを統合した音声翻訳が動作可能な状況になってきた。筆者の中村が研究を開始した1980年代前半は，音声認識で言えば500単語程度の特定話者の単語音声認識が動く程度のレベルであった。いまでは不特定話者大語彙の統計的多言語音声認識，多言語の機械翻訳，統計モデルによる多言語音声合成が実用可能になり，30年の間のインフラの進化を含めた飛躍的な技術の進化に感動を覚えざるを得ない。

　一方で，未解決の課題も山積している。話し言葉である音声言語をいかに翻訳するか，人間の通訳のような五月雨式で内容を解した音声自動通訳をどう実現するか，文脈をどう考慮するか，照応，省略をどう補完するか，原言語で曖昧な表現を目的言語にそのまま訳せるか，文化・背景などの違いによって意味の異なる表現をどう訳すか，方言はどうするのか，イントネーションや声質，ジェスチャ，表情などはどう扱うのか，多くの課題が残されている。

1.2　自動音声翻訳のこれまで

　わが国では，日本電気株式会社（以降NECと表記）が1983年の世界電気通信展示会で音声翻訳のデモンストレーションを行い世界の注目を集めた[3]†。その後，1986年にNTTの民営化に伴うNTT株の売却益をもとに基盤技術研究を行う民間基盤技術促進制度と基盤技術促進センターが発足し，産学官が共同で研究を行う体制が整備され，多くの基盤研究を行う研究所が発足した[5]。日本人は外国語が苦手であることから，音声翻訳技術の研究開発がその一つに選ばれ，1986年に株式会社国際電気通信基礎技術研究所（エイ・ティ・アール，Advanced Telecommunication Research Institute International, ATR）と，実際の音声翻訳の研究開発を時限で行う会社である株式会社エイ・ティ・アール自動翻訳電話研究所が創設され，国内外の多様な音声言語研究者が参画した。

　1986年当時は不特定話者・連続音声の認識もまだ十分にできない状況であ

---

　†　肩付数字は各章末の引用・参考文献番号を表す。

り，国際会議予約，ホテル予約，日常旅行会話に順次，研究開発の目標となる話題とタスクを拡張しながら研究を進めた。1993 年には，自動翻訳電話研究所（日本），カーネギーメロン大学（アメリカ，略称 CMU），シーメンス社（ドイツ）の世界 3 地点を結んだ音声翻訳会話実験が行われた[11]。この実験はニューヨークタイムズでも大きく取り挙げられた。これを機に国際的な音声翻訳研究コンソーシアム（Consortium for Speech Translation Advanced Research, C-STAR）が発足し，日本，アメリカ，ドイツ，（後に，イタリア，フランス，中国，韓国も参加）が音声翻訳の国際共同研究を開始した。ATR のプロジェクト開始の後，世界でもさまざまな音声翻訳のプロジェクトが開始された。対話音声翻訳を目指してドイツでは Verbmobil プロジェクト[12]，欧州でNESPOLE![4]が，アメリカでは TransTac プロジェクトが実施された[1]。また，講演などの音声翻訳を目指して欧州で TC-STAR プロジェクト[6]，EU 会議の同時通訳を支援する EU-BRIDGE プロジェクトが実施された[2]。アメリカでは，GALE プロジェクトが 2006 年から 5 年間実施された[10]。GALE プロジェクトは，アラビア語，中国語から英語への自動翻訳を目指したプロジェクトであり，これまで人間が行っていた多言語重要情報の抽出，翻訳，要約作業の自動化を目的にしている。

　自動音声翻訳の国際共同研究コンソーシアム C-STAR は，2004 年からより学術的な研究を中心にした組織に変わり，IWSLT（International Workshop on Spoken Language Translation）という国際ワークショップとなった。この国際ワークショップは，音声翻訳に関する性能評価トラックを中心としており，参加者は規定の学習データを用いてシステムを構築し，テストデータとしてIWSLT から供給されるデータの結果と論文を投稿する。会議はこれらのシステム論文と，一般の研究論文から構成される。

　これらのプロジェクト等で研究開発された技術の実用化については，携帯電話の通信速度と帯域の向上により高度な計算がリモートのサーバ側で実施できるようになり，大量の音声・テキストデータの収集により，性能が飛躍的に向上し，スマートフォンを端末とした音声翻訳サービスの実用化，商用化が進ん

でいる。日本においては，世界に先んじて ATR の技術を元にした携帯電話を端末とし，分散音声認識のフレームワークを利用した音声翻訳サービス「しゃべって翻訳」が 2007 年に商用実用化され普及した。さらに，スマートフォンを端末にした音声翻訳試験サービス VoiceTra を 2010 年にスタートさせ多くの利用者に使用していただいている[7]~[9]。海外では，アメリカで Google 翻訳，さらに最近では Microsoft 社が無料通話アプリ Skype に音声翻訳を試験的に導入して話題となっている。音声翻訳の歴史を図 1.2 にまとめた。

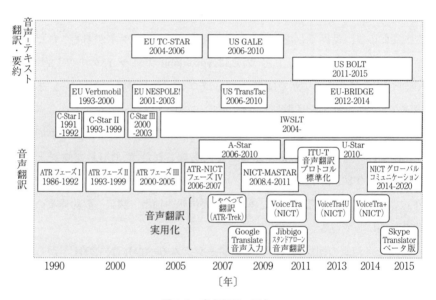

図 1.2 音声翻訳の歴史

任意の話題に対する自然な発話の音声翻訳は高度な課題であるため，特定の話題に音声翻訳の対象を絞り込むことにより音声認識や翻訳の精度を利用可能なレベルまで向上させ実用化が試みられている。対象とする会話は，会議予約，ホテル予約，旅行会話，多様な日常会話へと比較的容易な翻訳から順次高度な翻訳へ研究開発が進められてきた。現在は，5 章で述べるように，講演やビジネス会話を対象に，「自動翻訳」から「同時自動通訳」への研究が始まっている。

引用・参考文献

1) N.Back, M.Eck, P.Charoenpornsawat, T.Köhler, S.Stüker, T.Nguyen, R.Hsiao, A.Waibel, S.Vogel, T.Schultz, and A.Black：The CMU TransTac 2007 Eyes-free and Hands-free Two-way Speech-to-Speech Translation System, Proceedings of IWSLT（2007）

2) M. Freitag, *et al.*：EU-BRIDGE MT：Combined Machine Translation, Association for Computational Linguistics（ACL）, June（2014）

3) Y.Kato：The future of voice-processing technology in the world of computers and communications, Proceedings of Natl. Acad. Sci. USA, **92**, pp. 10060-10063（1995）

4) A.Lavie, F.Metze, R.Cattoni, and E.Constantini：A Multi-perspective Evaluation of the NESPOLE! Speech-to-speech Translation System, Proceedings of the Workshop on Speech-to-Speech Translation：Algorithms and Systems, pp. 121-128（2002）

5) T.Morimoto：Automatic Interpreting Telephony Research at ATR, Proceedings of a Workshop on Machine Translation,（1990）

6) D.Mostefa, O.Hamon, and K.Choukri：Evaluation of Automatic Speech Recognition and Speech Language Translation within TC-STAR：Results from the first evaluation campaign, Proceedings of LREC'06（2006）

7) 中村　哲：音声翻訳技術の現状と今後の展開，文部科学省科学技術政策研究所科学技術動向研究センター　科学技術動向，**89**，pp. 8-19,（2008-08）

8) 中村　哲：話し言葉の音声翻訳技術，電子情報通信学会誌，**96** 11，pp. 865-873（2013）

9) 中村　哲：音声翻訳概観，電子情報通信学会誌，**98**，8，pp. 702-709（2015）

10) H.Soltau, G.Saon, B.Kingsbury, H.Kwang, J.Kuo, and L.Mangu：Advances in Arabic Speech Transcription at IBM Under the DARPA GALE Program, IEEE Transactions on Audio, SPEECH, AND LANGUAGE PROCESSING, **17**, 5, pp. 884-894（2009）

11) 谷戸文広，竹沢寿幸，嵯峨山茂樹，鷹見淳一，H. Singer, 浦谷則好，森元　逞，榑松　明：自動翻訳電話国際共同実験，電子情報通信学会技術研究報告，**93**，87（SP93 14-23）, pp. 73-80（1993）

12) W.Wahlster：Verbmobil：Foundations of Speech-to-Speech Translation, Springer（2000）

第2章
話し言葉の異言語
コミュニケーション

2.1 話し言葉の性質

　話し言葉と書き言葉には違いがある。書き言葉はいろいろな事柄を記録することが目的となっており，一文が長く文法的にも正しい文章が多い。これに比べて，話し言葉は書き起こしてみると，発話の単位が文と言うよりフレーズの羅列で，短く，文脈に大きく依存する。話し言葉は，会話，つまり人と人のコミュニケーションを目的にしており，記録を目的にはしていない。話し言葉は，会話，スピーチ，講義などが代表的で，書き言葉は，論文，新聞記事，小説，エッセイ，日記などに用いられる。同じ意味でも，書き言葉と話し言葉で異なる表現が用いられる。例えば，「なぜ」が「どうして」，「どちら」が「どっち」，「これほど」が「こんなに」という風に異なる表現となる。また，語尾表現も，書き言葉は「ある・である」調であるが，話し言葉では「です・ます」体が用いられる。

　名柄・茅野は，書き言葉と話し言葉について，つぎのように整理を行った[9]。

〔1〕 **書き言葉の特徴**

1）文は長めで，かなりむずかしい語彙も多く使われる。

2）文の構造は規則に従ったものが多く，省略はほとんどない。文には修飾語などが使われ，重文，複文が多くなる。

3）改まった表現が多く使われる。

4) 文体の種類として，漢文体・和文体・文語体・公募体・書簡体・論文体などがある。

5) 文体はそのジャンルによってさまざまであるが，論文，公文書などでは「である」体が使われている。

6) 書き手からの発信が一方的であるため，書き手は伝えたいことを明確に表現しなければならない。

7) 書かれてあるので，読み手は何度も読み返すことができる。

〔**2〕 話し言葉の特徴**

1) 文の長さは比較的短く，理解しやすい語彙が多く使われる。

2) 敬語・感動詞・終助詞・疑問詞などが多く用いられる。

3) 倒置・中断・語順などの乱れがおきやすい。

4) 男性語・女性語などの違いや，方言が現れる。

5) 断りや断定などの表現では，柔らかみを持たせるため，なるべく直接的な表現を避けることが多い。

6) 主語を始め，話者同士が了解しあっていることなどは，省略されやすい。

7) 特に親しい人との対話を除いては，必ず「です・ます」体が使われる。

8) 書き言葉に比較して述部ほどの「の（ん）だ」，「の（ん）である」，「の（ん）です」，「の（ん）であります」等が多用される。特に強調文においてよく使われる。

9) 話し手の表情や顔色を見て，理解を深めることができる。

これらに加えて，話し言葉を書き起こした場合には，句読点や，「　」" "が含まれていないことや，英語では固有名詞の頭文字の大文字小文字の違いが表現されないといった違いがあり，後に紹介する自動音声認識，自動音声翻訳では大きな問題となる。

話し言葉と書き言葉の違いを，音声言語とテキスト言語の差として眺めると，音声には文字化できる情報だけでなく，アクセント，イントネーション，声の大きさが含まれており，強調や感情が含まれていることがわかる。このような違いを含めて音声言語に含まれる情報を整理すると，テキストに対応する

言語情報，書き言葉に転写すると推測不可能になる言語情報（2.3節参照）（パラ言語情報），話者の年齢，性別，個人性，身体ないし感情の状態などの要因に関わる情報を含む非言語情報がある。つまり，音声には，書き言葉に転写すると失われるが，コミュニケーションには不可欠なこれらの情報が含まれている。

〔3〕 **翻訳と通訳**　　翻訳とは，原言語の書き言葉で書かれたテキストを，意味や内容をそのままに目的言語の書き言葉に書き換えることを言う。河原[4]によると，「通常翻訳とは，ある言語で書かれたテキストを別の言語のテキストに変換する言語行為（言語間翻訳）をさすが，実際のところ「翻訳」という言語はメタファーとして使用されることで実に多義的な概念となっている」と解説されている。また，Jakobson[6]は，翻訳を3類型に整理した。

1) intersemiotic translation：記号間翻訳（ある記号を別の記号で表現する）
2) interlingual translation：言語間翻訳（ある言語を別の言語に翻訳する）
3) intralingual translation：言語内翻訳（ある言語内で言い換えをする）

これにおいても，翻訳というのは実際のところ，意味や内容をそのままに，記号的な表層の置換，いわゆる言語間の翻訳，そして，同一言語内の言い換えまでも含んだ概念と捉えられている。このように，翻訳という言葉そのものは元来広い概念を含んで適用されてきた用語であるが，本書では当面は2）の言語間の翻訳に限定して翻訳という用語を使用する。

一方，通訳は異なる言葉を話す人の間に入って，音声言語で言語翻訳をしてコミュニケーションを支援することを指している。翻訳者は translator，通訳者は interpreter と異なる単語があるように，この二つは似て非なる作業を指している。通訳の形式としては，逐次通訳，同時通訳に大きく分けることができる。話者が一定の長さの発話をして発話が切れたところで通訳者が逐次通訳していくのが逐次通訳，発話者が話し始めるとほぼ同時に通訳者が通訳を始めるのが同時通訳である。また，放送などでは事前に通訳を行った音声を放送時に重ねて流す時差通訳という手法が行われている[2]。

通訳の理論については近藤[5]の解説が詳しい。近藤は，Seleskovitch による

通訳モデルを先駆的モデルとして紹介した。このなかで，通訳はつぎの３段階のプロセスを経て行われるとしている。

a. 意味を持つ発話を耳で聴いて認知し，言語を理解し，分析・解釈してそのメッセージを理解する。

b. ただちにかつ意図的に（deliberately），wording（文言・言い回し＝使われている個々の単語・言葉遣い・表現）を捨て，そのメッセージに示された概念・アイデアなどを mental representation として保持する。

c. 目標言語で新たに発話する。この発話の持つべき要件には二つあり，① もとのメッセージの全体を表現していること，② 受け手に合わせることである[11]。

a と b は音声言語として聞き取られ，発話されるための機能で翻訳とは本質的に異なる部分であるが，b については，「ただちに」という部分以外は翻訳と共通する。この即時性の制約が，個別の言い回しを捨て，概念・アイデアを適切な形で保持し，即座に通訳される必然性につながっていると言える。

また，その中で，Seleskovitch は，音声言語は自発的（spontaneous）であり，話始める前に言いたいことをどう表現するかは，現実に口を開いて話し始めるまでは厳密にわからず，どの表現を使うのかは，① だれに語っているのか，② どのような文脈・状況で語っているのか，で決まるとしている。このように，音声言語により生成される話し言葉は，書き言葉と大きく異なる性質を有しており，それを通訳する際には，第３者の通訳者を含んだコミュニケーションモデルが必要になる。これについても，**図 2.1** に示す Kirchhoff の三者二言語コミュニケーションシステムモデルを引用している。

発話者のメッセージ M1 は，起点言語の言語（言語とパラ言語）情報と非言語情報，そして，社会文化的背景によって符号化される。このメッセージをコミュニケーションの副次的参加者である通訳者が聞き取り，理解し，通訳した後，目的言語の対象話者に聞き取られ，目的言語の社会文化的背景を含めて復号される。通訳者は副次的であるが，起点言語の社会文化的背景を考慮して符号を復号・理解し，目的言語の社会文化的背景を考慮して符号化・通訳を行

2. 話し言葉の異言語コミュニケーション

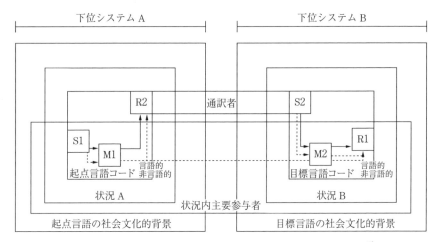

図 2.1 Kirchhoff の三者二言語コミュニケーションシステムモデル[5]

う。

機械による自動音声通訳は，まさにこの Kirchhoff の三者二言語コミュニケーションシステムモデルの通訳者部分をコンピュータにより実現する試みである。筆者らはこれまで，書き言葉の翻訳技術を元に話し言葉の通訳に接近する研究を実施してきた。これらの研究は，即時性やパラ言語情報，非言語情報を十分に取り扱わないため，「自動音声翻訳」という用語を新たに用いた。本書では，さらにこの Kirchhoff のモデルを視野に入れた「自動音声通訳」の研究にも言及する。

2.2 コミュニケーションとはなにか

コミュニケーションとは，ラテン語のコムニカチオ（*communicatio*）に由来しており「分け合うこと」，「共有すること」を意味している。『広辞苑』では，「社会生活を営む人間の間で行われる知覚・感情・思考の伝達を表し，動物個体間での身振りや音声・匂い等による情報の伝達を意味する」とされている。人間の行動に関する種々の局面での認知活動にコミュニケーションという

用語が使われている。

　鹿取ら[3)]によると，コミュニケーション行動の働きは（1）相手に情報の伝達を行うことであり，ヒトは，（2）コミュニケーション行動を通して，相手に情動の喚起（興奮）を起こさせる。これは，状況によって，① 相手に情動的共感を引き起こし，心理的場の共有をもたらすポジティブな面と，② 逆に威嚇・驚愕（きょうがく）の信号のように，自己および相手に逃避・回避や攻撃など拒否を生じさせるネガティブな面がある。さらに，（3）コミュニケーション行動を通して，相手の行動を制御しようとするとされている。図 2.2 に鹿取らのコミュニケーション行動の機能についての関係図を示す。

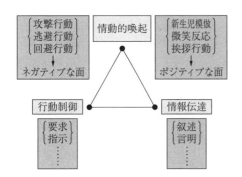

図 2.2　コミュニケーション行動の機能[3)]

　さらに，鹿取らは，コミュニケーション行動には，多様なモダリティが用いられると示唆している。図 2.3 は，個体 A のなんらかの行動変化に対応して個体 B（C，D…）のなんらかの行動変化が生じた場合，両者の間にコミュニケーション関係が成立していることを図示したものである。個体 A は個体 B（C，D…）の反応を見て，反応が弱いと個体 A は新たに情報を発信して相互のコミュニケーションを成立させようとするとしている。

　言語的コミュニケーションは主として幼児期に母親との会話で形成されるとされる。生後数ヶ月までは，泣き声を上げるだけであるが，生後 2，3 ヶ月後になると，音声の高さや長さを変化させ，顎や舌などの構音器官を動かして母音のような音を発声しそれを聞くことを繰り返す。これが喃語（なんご）と呼ばれるもので，その後，母語の音韻・音素体系を同化，学習する。1 歳半頃には一語発話

2. 話し言葉の異言語コミュニケーション

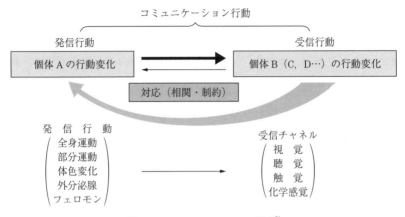

図 2.3 コミュニケーション行動[3]

が可能となり，3歳頃には日常の会話がほぼ可能になる。また，Piaget[10]は，7，8歳以降になると聞き手を意識し働きかけるような発語，社会的言語が優勢になることを見いだした。5，6歳までは自己中心性を持つが，発達するにつれ社会性が獲得される。このように外言（音声生成を伴う発話行動）として獲得されると，やがて，思考の道具として内在し内言として機能し始める。人間内部の内言によるコミュニケーションは個体内コミュニケーション（intrapersonal communication）として，通常のコミュニケーションの対人的コミュニケーション（interpersonal communication）と区別されることがあるとしている。また，音声コミュニケーション行動と身振りコミュニケーションには強い同期性，関連性がある。生後7，8ヶ月頃になると，手足の運動が発話行動と同期して現れるとされている。

コミュニケーションにおける情動（感情）には，イントネーションや身振りが大きな影響を与える。Wehrabian[13]は，好意・反感などの態度や感情のコミュニケーションを扱う実験では，好意の合計＝言語による好意 7 ％＋声による好意 38 ％＋表情による好意 55 ％という関係が成立するとした。一般的には成立しないが，非言語情報が大きな役割を担っていることが示されている。

一方，コミュニケーションの数学的モデルとして著名なのは，Shannon と Weaver のモデルである．Shannon は情報理論を定式化した研究者として有名である．図 2.4 に Shannon が示した雑音のある通信路モデルを示す[12]．

このモデルでは，発信者が発したメッセージは，符号化され，発信機（transmitter）から雑音のある通信路（noisy channel）に発信され，そして，通信路にある雑音源（noise source）の影響を受けて，受信機（receiver）で受信され，復号されて受信者にメッセージが伝わるモデルとなっている．これは，言語のコミュニケーションを対象にしたものでなく，電気通信の一般的なモデルとして提案されたものである．

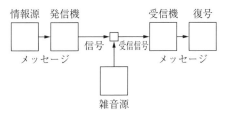

図 2.4　一般的な通信システムのブロックダイアグラム

このモデルを元に異なる言語でのコミュニケーションの場合を考えると図 2.5 のようなモデルとなる．このモデルでは，発話者の意図に基づいて生成されたメッセージが音声信号となり通信路を通して伝達され，音声認識をした後，目的言語に翻訳され，目的言語で音声合成されて聞き手に伝えられるというモデルである．

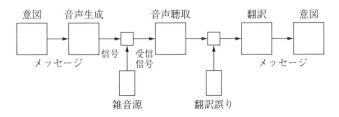

図 2.5　異なる言語でのコミュニケーションのモデル

2.3 言語情報と非言語情報の役割

音声には文字化できる情報だけでなく，アクセント，イントネーション，声の大きさが含まれており，強調や感情が含まれていることがわかる。このような違いを含めて音声言語に含まれる情報を整理する。前川ら[8]は，つぎのようにFujisaki[1]の論文を紹介している。

●言語情報（linguistic information）：離散的記号の集合とその結合規則によって表現される情報であり，書き言葉によって明示的に表現されるか，文脈から一意かつ容易に推測することが可能である。このように規定された言語情報は離散的であるとともに範疇的である。たとえば日本語の単語のアクセント型に関する情報は有限個のアクセント型の中から一つを指定しているという点において離散的である。

●パラ言語情報（paralinguistic information）：書き言葉に転写すると推測不可能になる情報で，言語情報を補助ないし変容するため話者が意図的に生成する情報。（中略）発話に込められた話者の意図，態度や発話のスタイルなどが該当する。パラ言語情報は離散的であると同時に連続的である。たとえば話者の意図が断定にあるか質問にあるかは離散的であるが，それぞれの意図の強さには連続的な変化が認められる。

●非言語情報（non-linguistic information）：話者の年齢，性別，個人性，身体ないし感情の状態などの要因に関わる情報。これらの要因は発話の言語的・パラ言語的内容とは直接に関係せず，話者が意図的に制御することも一般には不可能である。（中略）パラ言語特徴と同じく非言語的特徴もまた離散的であると同時に連続的である。

前川[7]は，さらに，パラ言語情報には，うなずき，視線，咳払いなどの身体動作や，叫び，忍び笑い，むせび泣きなどの感情に起因するところが大きいと判断される音声要素も含まれると指摘している。そして，これらの関係を図

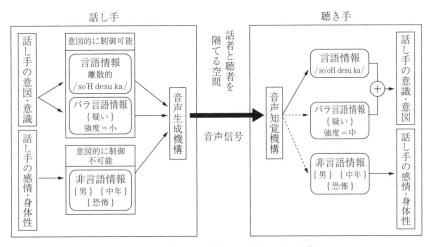

図 2.6 音声による情報伝達過程の模式図[8]

2.6のように整理している[8]。

図にあるように音声信号には，言語情報，パラ言語情報，非言語情報がたたみこまれており，それらを適切に分析する，モデル化することの重要性が指摘されている。

引用・参考文献

1) H.Fujisaki：Prosody, Models, and Spontaneous Speech, in Y.Sagisaka, N.Campbell, and N.Higuchi (eds), pp. 27-42, Springer (1997)
2) 稲生衣代：放送通訳の変遷と通訳・翻訳手法に関する考察，通訳研究 3, pp. 54-69 (2003)
3) 鹿取廣人，杉本敏夫，鳥居修晃：心理学 第5版，東京大学出版会 (2015)
4) 河原清志：翻訳概念の射程文化の翻訳と喩としての翻訳，金城学院大学人文・社会科学研究所紀要, 18, pp. 1-14 (2014)
5) 近藤正臣：通訳の原理に関する省察 (上)，通訳翻訳研究, 12, pp. 119-132 (2012)
6) R.Jakobson：On Linguistic Aspects of Translation, Ontranslation, 3, pp. 30-39 (1959)

16   2. 話し言葉の異言語コミュニケーション

7) 田窪行則，前川喜久雄，窪薗晴夫，本多清志，白井克彦，中川聖一：音声学，pp. 1-52，岩波書店（1988）

8) 前川喜久雄，北川智利：音声はパラ言語情報をいかに伝えるか，認知科学，**9**，1，pp. 46-66（2002）

9) 名柄　迪，芽野直子：外国人のための日本語 例文・問題シリーズ 文体，荒竹出版（1988）

10) J.Piaget：Le langage et la pensee chez l'enfant, Delachaux et Niestlé（1923）（大伴　茂（訳）：児童の自己中心性　同文書院（1970））

11) D. Seleskovitch：L'intreprète dans les Conférences Internationales：Lettrers Modernes, English tr. by Dailey S. & McMillan, E.N., Interpreting for International Conferences Problems of Languages and Communication,Wash., D.C., Pen and Booth（1978）（ベルジュロ伊藤宏美（訳）：会議通訳者—国際会議における通訳 研究社（2009））

12) C.E.Shannon：A Mathematical Theory of Communication, Bell System Technical Journal, 27, pp. 379-423, 623-656（1948）

13) A. Wehrabian：Silent messages, Wadsworth, Belmont（1971）

第3章
自動音声翻訳の構成要素

3.1 音声翻訳モデル

2章で述べた音声による意図の伝達モデルを考慮した自動音声翻訳のモデルを図3.1に示す。話し手の意図に基づき言語情報，感情，スタイル，声質，韻律，ジェスチャなどが，多様な形で同期しながら生成される。それらの情報を取得し，目的言語に翻訳・変換し，言語情報，感情，スタイル，声質，韻律，ジェスチャなどを生成し，聞き手に知覚され，話し手の意図を理解する。

これまでの研究では，これらのうちの言語情報に特化した処理の研究が行われてきた。話し手の原言語の音声を，マイクロフォンで取得し，ディジタル化した後，音声認識を行い，テキスト化を行う。その後，そのテキストに機械翻訳を施して，目的言語文に翻訳し，その文を音声合成で読み上げる。本章では，中心となる，言語音声認識，機械翻訳，音声合成について解説する。

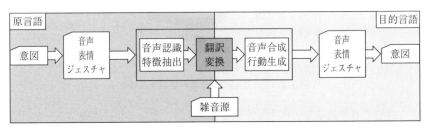

図 3.1 自動音声翻訳のモデル

3.2 音声認識

3.2.1 音声認識システムの概要

　声を使って機械とコミュニケーションすることはますます重要になってきている[49]。音声言語によるコミュニケーションは人間にとって自然であるため，対話的に自由に機械と話す技術を作ることは人間の夢であった。また，音声言語は人間にとって特別な準備や学習が必要なく，最も多くの情報を伝えられるとされている[79]。自由に話した音声は1秒間に2～3.6単語を伝えるが，タイピストは1.6～2.5単語しか入力できないことが知られている[110],[147]。さらに，音声言語は視覚障碍などの障碍を持つ人にとっても有益である[79]。

　音声言語によって話された音声を自動認識する技術は音声認識（automatic speech recognition, ASR）と呼ばれている。音声認識においては，音素，単語，フレーズ，文から構成される発話を認識するための音声の特徴を抽出する必要がある[61]。図3.2は，英語 "Good night" と発話された音声信号を音声認識する様子である。

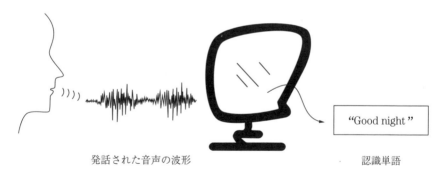

図3.2　"Good night" を音声認識する様子

　これまで音声認識を実現する機械を開発することは非常に困難であった。音声は，肺からの空気流が声帯から声道を通って唇や鼻から人や音素によって異なる特徴を持って生成される。同じ人が同じ単語を50回発話するとそれは毎

3.2 音 声 認 識　　19

回異なる音声信号として生成される。さらに，実際の環境では，人の発話した音声信号だけでなく，いろいろな環境音が存在し音声認識を困難にする。

　音声信号には多様な変形，雑音が含まれる[50),53)]。これらの要因はつぎのように分類される。

〔1〕　**前後のコンテキストによる変形**　　音素の音響的特徴は調音結合と呼ばれる前後の音素コンテキストにより変形される。これは単語内，単語間において発生する基本的な現象であり，むしろ発話を楽に自然にするために起こっている現象である[126)]。その結果，音声波形はかなり異なったものとなる[112)]。また，一つ前，後ろの音素コンテキストだけでなく，もう少し離れた音素からの影響も受ける。Scripture (1902) によると，母音は一つ前後の子音に影響されるだけでなくもう一つ前後の母音の影響を受ける[128)]。/eli/ と /ela/ と /ebi/ と /eba/ をみると，/e/ の音は続く二つめの母音に依存して異なっており，また，/e/ の発話の際の舌の高さは二つめの母音が /i/ の際は /a/ のときより高く，/i/ に近い位置になっていることが示されている[78)]。英語の子音の /l/ /r/ が音節を越えた音素文脈コンテキストの影響を受けることも知られている[43),151)]。

〔2〕　**発話者による変形，異なり**　　発話者による変形は話者内の変形と話者間の異なりに分けられる。

（1）　**話者内の異なり**　　発話者内の異なりの主たる要因は発話スタイルの違いである。発話者は，同じ言語内容でありながら，心理的，生理的な状態に応じて，音声の発話速度，声の高さ，口の動かし方を変形する[62)]。英語のストレス（強勢）などの単語中の音節に対するアクセントも人によって多少異なる。また，単語中のストレスを知ることで認識時に対立する単語候補を削減できることも知られている[4)]。

（2）　**発話者間の異なり**　　異なる発話者により生成された音声は，物理的な声道の違い，性別，年齢，アクセントなどの違いにより異なる。男女の音声の異なりについては多くの研究報告がある[44),73)]。平均的な女性の音声は男性の音声より高いフォルマント周波数を持ち，男性の音声よりもきちんとした調音

20   3. 自動音声翻訳の構成要素

をする傾向がある[7]．年齢による変化についても報告されている[56),80)]。また，Ghorshi らの研究[37)]によれば，異なる英語アクセントの比較をしたところ，母音のフォルマントが英語のアクセントの違いを伝えるのに重要な役割を担っていることが示されている。

〔3〕 **通信路および環境音の課題**　自動車のエンジンノイズ，街路交通騒音，さらにはラジオ，テレビ，空調音など，日々の生活環境にはさまざまな騒音が存在する。これら背景ノイズは，音素または単語全体をマスクし聞こえなくする可能性がある。また，音声の持続時間と振幅は残響環境（部屋の反射によるエコー）の影響で変化してしまう[51)]。Junqua ら[62)]は，ノイズによって起こる種々の音響信号の変化を定量化している[41),133)]。別のノイズ源は，伝達特性（例えば，電話回線）による音声の歪みである。電話の音声は，帯域幅の制限，ハンドセットと接続の品質のばらつき，および背景雑音の増加[62)]のため，高品質で雑音のない音声よりも認識が困難である。電話音声に特有の音声認識の問題を報告した研究も行われている[20),152)]。

3.2.2　音声認識技術のマイルストーン

　音声認識を実現するためにこれまで長年の研究開発を行ってきた。ここではそれらの経緯について述べる。

〔1〕 **1920 年頃：孤立単語認識**　音声を認識する最初の機械は 1920 年代に製造，販売された犬型の玩具「Rex」と言われている。David らの論文[22)]には，この玩具は，犬の単語名「Rex」の母音で表される約 500 Hz の音響エネルギーにのみ反応して認識を行ったとある。このため，500 Hz にパワーのある他の単語にも反応した[38)]。

〔2〕 **1950 年頃：離散単語認識（10 単語）**　1930 年代と 1940 年代には音声分析に関連した多くの研究が行われたが，代表的なものは，1950 年代初めにベル研究所で開発された特定話者の桁区切り発話の数字認識である[23)]。音声認識の初期のシステムは，音韻要素（言語の基本的な音）と発話の音響的に実現される音素の関係である音響音韻論に基づき構成された。例えば，安定した

3.2 音 声 認 識   21

母音の生成は，声帯を振動させ，声道を伝播する空気が音響管における共鳴の
ような形で音を発して行われる。フォルマントまたはフォルマント周波数と呼
ばれるこれらの共鳴モードは，音声のパワースペクトルにおけるエネルギーが
集中する周波数領域として現れる。

〔3〕 **1960 年代：多数話者，少数語彙，離散発話単語音声認識（10 ～ 100**
単語）　1960 年代には，数字認識装置がより改善され，複数の話者に対して
高い精度を達成するようになった[61]。多くの音声認識システムは，音声信号の
単純な音響・音声特性に基づいて，孤立発話された小語彙（10 ～ 100 語程度）
の音声を認識することができた[25],[54],[108]。他の早期の音声認識システムでは，
音素系列と単語の関係を用いて構築された。これらは音声認識において（音素
レベルでの）統計的構文が最初に利用された例となっている。

〔4〕 **1970 年代：多数話者，中語彙，連続音声認識（100 ～ 1 000 単語）**
1970 年代には声認識研究において重要な進歩があった。まず，複数の話者に
対して中規模の語彙（100 ～ 1 000 語程度）を認識できるようになっ
た[83],[88],[154]。Sakoe ら[122],[123]，Vintsyuk[148]は，二つの単語発話の時間的な構造の
異なりに対して時間整合をとりながら類似度を計算する，動的プログラミング
を用いる音声認識法（ダイナミックタイムワーピング法）を提案した。さら
に，Sakoe の研究[121],[124]は，これを連続単語の認識に拡張し，1970 年代後半の
自動音声認識において最も重要な連続発話音声を可能とした。より難易度の高
い連続音声認識タスクに焦点が当てられた[98]。

〔5〕 **1980 年代：複数話者，大語彙，連続音声（1 000 ～ 10 000 単語）**
1980 年代には，大語彙（1 000 ～ 10 000 語）の連続音声を，話者に依存しない
形で認識する，連続音声認識の研究に取組みが行われた[21],[81]。この時期には，
直感的な知識ベースのアプローチから，隠れマルコフモデル（hidden Markov
model, HMM）を使用するより確率的な統計モデルフレームワークへ方法論が
進化した[112]。隠れマルコフモデルの形式は，マルコフ連鎖を用いて言語構造
を表現する確率モデルであり，確率分布の集合により，発話中の音の音響的変
動が表現される。これらの方法は実際には 1970 年代に開発されたが[6],[60]，

22　3.　自動音声翻訳の構成要素

1980 年代半に実際に普及した。

〔6〕　**1990 年代：複数話者，大語彙の連続音声**（10 000 ～ 20 000 単語）
1990 年代の研究としては，飛行機のフライト予約対話などの特定の音声入出
力を有するアプリケーションや，ディクテーションを目指した非常に大語彙
（10 000 以上のオーダー）の音声認識[89]を目指して研究が行われた。大語彙の
連続音声認識では，単語列の仮説が膨大であるため効率的な計算方法の研究が
行われた。有限状態オートマトン（finate state machine, FSM）を拡張した重
み付き有限状態トランスデューサ（weighted finate state transducer, WFST）
により，音声認識の音響モデルと言語モデルを統合することが可能となり，統
一的に音声認識の探索（decoding）が可能となった。この WFST は 1990 年代
に開発され現在のほとんどすべての音声認識システムに用いられている。ま
た，1980 年代後半に導入された技術として，人工的ニューラルネットワーク
（articifical neural network, ANN）がある。これは基本的には多層パーセプトロ
ンとその学習アルゴリズムである誤差逆伝搬法の開発により利用が可能となっ
た。しかし，これらの方法は，学習時の勾配消失，初期のコンピュータの処理
能力の不足などの困難さのために，ガウス混合モデルを用いた隠れマルコフモ
デル（Gaussian mixture hidden Markov model, GMM-HMM）に勝ることはでき
なかった。このころ，音声認識を公衆電話網のサービスに利用する運気も高
まったが[153]，雑音や伝達特性の問題や，利用者の自由な発話による性能劣化
の問題で十分な性能が発揮できなかった。

〔7〕　**近年：多言語，多様なアクセント，大語彙連続対話音声，雑音下音声**
（**20 000 単語**）　近年の研究は，非常に大語彙の連続音声の実用的な音声認識
に移っている。そのために，さらなる高精度化に加え，多言語および多人数話
者を扱っている[13),52),87]。また，雑音などのある環境での音声認識にも注力さ
れている[93),95]。2000 年代の初めは，音声認識は，GMM-HMM などの従来のア
プローチによって構成されていたが，最近は，1997 年に Hochreiter ら[48]によっ
て提案されたリカレントニューラルネットワーク（recurrent neural network,
RNN）である long short term memory（LSTM）と呼ばれる深層学習法が注目

され研究が盛んに行われている。LSTM RNN は，ニューラルネットワークを多層にした際の勾配の消失の問題を回避し，数千の離散時間ステップ前に起こったイベントの記憶を必要とする「非常に深い学習」タスクの学習をすることが可能である。2007 年頃に提案された connectionist temporal classification (CTC) は LSTM を内蔵しフレームごとに音素を認識し，特定のアプリケーションでは従来の音声認識より優れた性能を発揮し始めている。

　要約すると，音声認識は特定の少数の音声に応答する単純なマシンから，実際の話し言葉に対応するより洗練されたシステムに徐々に近付いている。3.2.3 項では，音声認識技術，特に広く使われている GMM-HMM 技術と最先端の深層学習に基づく音声認識技術について紹介する。

3.2.3　音声認識技術

〔1〕　パターン認識の概要　　音声認識の研究開発は，パターン認識の長い研究の歴史の一つと位置付けられている。パターン認識は多くの問題とその解決策には非常に有用である。ここで，パターンという言葉は，特定の規則性を示すもの，特定のモデルや対象物，または観察されるものの概念を表すものを意味する。単語の認識とは，観察される音声を特定の単語にパターン認識するタスクと言える[127]。パターン認識は，決められた距離に基づき，観測値をカテゴリにうまく分類するという観点から説明することができる。基本的なアプローチは，パターンを，コインの二つの面と先攻後攻を紐付けるといった，たがいに関連する二つの異なる世界に見立てることで説明できる。つまり，物理的観測の世界と概念世界の結び付けである。ここでは，Schürmann[127]のパターン分類の基本的概念を用いて説明していく。物理的観察の世界を x とすると

$$x = [x_1, x_2, ..., x_N]$$

ここで，N は観測されたサンプルの数である。

　一方，対象とする決定空間のカテゴリまたはクラスを y とすると

$$y = [y_1, y_2, ..., y_K]$$

ここで，K個のクラスはたがいに排他的でクラスとする。そうすると，パターンを観測値とカテゴリを表す変数のペアとして捉えることができる。

$$\text{Pattern} = [x, y]$$

したがって，パターン分類のタスクは，$x \rightarrow y$のマッピングと考えることができる。数学的な意味では，物理的に観測される空間と，概念，名前，意味を表す決定空間の二つの空間の対応付けを行うことに対応する。パターン認識システムを設計することは，N個の離散点を含む観測空間Xから，K個のクラスを含む識別空間Yへの$x \rightarrow y$の写像を確立することになる。図3.3は，多次元観測空間Xを識別空間Y内の3クラスに写像する例を示す。

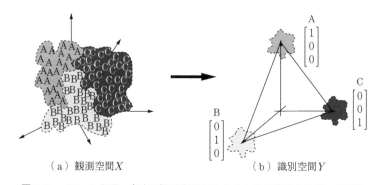

（a）観測空間X　　　　　　　（b）識別空間Y

図3.3　パターン認識：多次元観測空間Xから3クラス識別空間Yへの写像

写像$x \rightarrow y$は，可能な限りKのクラスの一つを表すYの対応するベクトルと一致しなければならない。しかし，この分類タスクの難しさは，観測地の分布が局所的に集中しているかXの広い領域に広がっているか，特にそれらがたがいに分離しているかなどに依存する。パターン認識は一般に入力ベクトルがKクラスの一つに属するかどうかを単に決定するよりも複雑であるため，統計的分類の観点が有用となる。その場合，単純な分類ではなく，確率モデルに基づき確率付きで各クラスに分類を行う。

統計的枠組みの基本的な表記法により，観測ベクトルx_nがクラスy_kに属する確率をつぎのように表す。

$p(y_k|x_n)$　　ここで，$0 \leq p(y_k|x_n) \leq 1$, $\sum_{k=1}^{K} P(y_k|x_n) = 1$

ただ，この確率はデータを観測した後でしか計算できないため，一般に，y_kの事後確率と呼ばれる[12]。結果的に，x_nをクラスy_kに割り当てるためにはつぎのように確率を比較することで行う。

$p(y_k|x_n) > p(y_j|x_n)$　　ここで，$\forall j = 1, 2, ..., K, j \neq k$

これはBayes決定ルールと呼ばれ，観測ベクトルx_nが与えられれば，最も高い事後確率をもたらすクラスy_kを割り当てられる[35]。

パターン自体には，さまざまなパターンがあり，それぞれが観察される可能性があるので確率変数として取り扱う[127]。パターンは，決まった属性，あるいは，非常にゆっくりと変化する属性で記述される有限で離散の対象物からなる。これらのうちのいくつかは，特定のオブジェクトの特異性を表し，特徴量や素性（feature）と呼ばれる。パターン認識ではこの特徴量の変動に関する考慮をする必要がある。言い換えれば，特徴xに類似するパターンの正しいクラスyを決定することがパターン認識問題である。

この観点から，どのようなタイプの観察が考慮されているのか，どのような意味に対応付けされているかはあまり重要でない。パターン認識は，テキスト，音声言語，カメラ画像，または他のタイプの多次元信号解釈の認識にも同じアプローチが適用される。音声認識におけるパターン認識手法では，「発話された音声信号」である$x \in X$を，「単語列」である$y \in Y$に置き換える（図3.4）。それでは，以降に，音声を単語列に写像するパターン認識手法につい

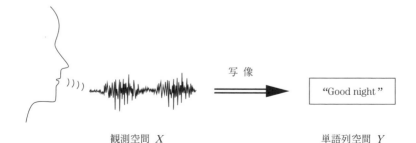

図3.4　音声認識でのパターン認識：観測空間Xから単語列空間Yへの写像

て述べる。

〔2〕 隠れマルコフモデルによる音声認識　〔1〕では，パターン認識は，$x \to y$ を観測空間 X から識別空間 Y にマッピングするという観点から記述できることを示した。HMM ベースの音声認識の文脈では，x を「話した発声の音声信号」および y を「単語列」で置き換える。つぎに，パターン認識アプローチを使用して，音声信号を意味のある一連の単語に写像する。

音声信号は，サブワード（音素），単語，単語列（文章）などの音声単位の階層構造にすることができるので，音声信号を意味のある単語列に写像することは，多段パターン認識を使用して実行することができる。図 3.5 に示すように，一般的な自動音声認識システムは五つのコンポーネントで構成される。

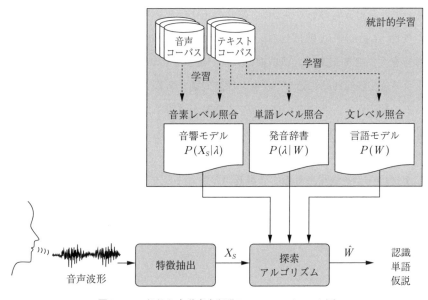

図 3.5　一般的な自動音声認識システムのブロック図

（1）特徴抽出：特徴抽出は，基本周波数または雑音のような冗長または重要でない情報を除去することによって音声信号を一連の観測特徴ベクトル x_S に変換する。

（2）音響モデル：サブワード（音素）モデルとして，ある音素λから観測
　　特徴ベクトル x_S が音響モデル確率 $P(x_S|\lambda)$ で生成される確率を計算
　　するためのモデル集合。学習データから音響モデルを構築する。

（3）発音辞書：単語からある音素列が生成される確率 $P(\lambda|W)$ を計算する
　　ためのモデルの集合。

（4）言語モデル：単語列 W の事前確率集合 $P(W)$。

（5）認識／探索アルゴリズム：音響モデル，発音辞書，言語モデルが与え
　　られたとき，観測特徴ベクトル X_S が与えられた際に，すべての可能
　　な単語列 W の中で最も確率の高い単語列 W を決定する探索アルゴリ
　　ズム。

　正しく発話された単語の音声信号を認識するために，音声認識システム（よ
り正確には音響モデル，辞書，言語モデル）は，真の確率分布，確率的法則か
らモデル化する必要がある。しかし，実際の応用では，これらの法則を知るこ
とは困難であるため，音響モデル，発音辞書，言語モデルのすべてのパラメー
タが学習データのサンプル集合から「事例による学習」で求められる。以降の
セクションでは，これらの五つのコンポーネントのそれぞれについて説明す
る。

（1）**特徴抽出**　　音声認識の第1段階は，音声信号の言語的内容に関し
て可能な限り多くの「重要な」情報を抽出し，性別，アクセント，年齢，およ
び背景雑音のような「無関係な」（非言語的な）情報を排除することである。

　まず，アナログ音声信号をカットオフ周波数 fm が 5.6 kHz のローパスフィ
ルタに通し，高周波ノイズを低減する。人間の声の周波数範囲が 5 kHz を超え
ないことが根拠となる。つぎに，サンプリングと量子化プロセスと呼ばれる
ディジタル化である。これは，必要なデータレート（ビット／秒で測定）を最
小限に抑えることを目的とする。通常音声は 16 kHz のサンプリングレート fs
で，あるいは電話帯域の音声は 8 kHz でサンプリングされる。このサンプリン
グは，エイリアシング現象を回避するために，ナイキスト基準 $fs \geq 2\,fm$ を満
たすように行われる。16 kHz サンプリングレートおよび 16 ビット量子化の場

合,ビットレートは 256 kbits/s に等しい。

　音声分析は,図 3.6 に示すように音声特徴量が区分定常な系列と仮定して,サンプリングされた波形から規則的な間隔で窓掛けを行って特徴ベクトルを抽出する。音声は本来非定常過程であるが準定常と考えることができる。つまり,短期間では,スピーチ信号の統計値はサンプルごとに大きく異ならない。ほとんどの ASR システムは,約 16～32 ms のフレームと呼ばれるセグメント上の特徴ベクトルを抽出し 8～16 ms ごとに更新する[71]。実際には,フレームはフレーム長未満の周期で抽出される。オーバーラップを導入することにより,フレームからフレームへの遷移が平滑化される。各フレームにおいて,短時間パワースペクトルが計算され,スペクトルは多次元空間内の一つの点に対応する特徴ベクトルとなる。この一連の処理を短区間フレーム分析,短区間スペクトル分析と呼ぶ。

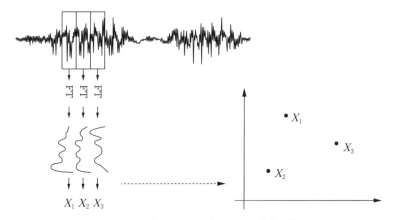

図 3.6　短時間フレーム分析による音声分析

　特徴抽出については,線形予測係数(LPC)[57],[90],ケプストラム解析[34],[104],知覚線形予測(PLP)[45],および変調フィルタスペクトログラム(MSG)[71]を参照されたい。音声認識における最も広く使用されている特徴抽出技術は,メル周波数ケプストラム係数(MFCC)[129]に基づいている。これは,ケプストラム解析と周波数の非線形重み付け(フィルタバンク)を組み合わせたものとなっ

ている[26]。

音声は，二つの独立したコンポーネントのたたみこみとみなされる（図3.7）。

- 音源 $e[n]$：声帯での空気の流れ（励振）
- フィルタ $h[n]$：時間とともに変化する声道の共鳴

図 3.7 音声信号生成のモデル

音声信号の言語的内容，すなわち音素の特徴は，おもに声道フィルタの特性として現れる。ケプストラム解析の技術は，このような言語的内容を抽出するために使用される。上記の音源とフィルタの独立であるという仮説から，音声信号は音源 $e[n]$ とフィルタ $h[n]$ のたたみこみ（＊と記す）として表されるため，フーリエ変換（DFT）後，対数をとることでこの二つの要素を和の形に分離することができる。また，$e[n]$ と $h[n]$ の構造から逆フーリエ変換（IDFT）を行い，その空間（ケプストラム空間）でのフィルタ（リフターと呼ばれる）を適用し，フーリエ変換を施すことで $h[n]$ のみのスペクトルを計算することができる。

図 3.8 はケプストラム分析の過程を示している。音声波形（図 3.9（a））にDFTが実行された後，二つのたたみこみ成分は，音声のスペクトルにおいて乗法的な関係となる（図 3.9（b））。振幅スペクトルの対数をとると，励起

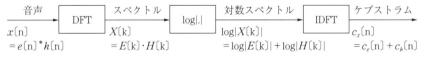

図 3.8 ケプストラム分析

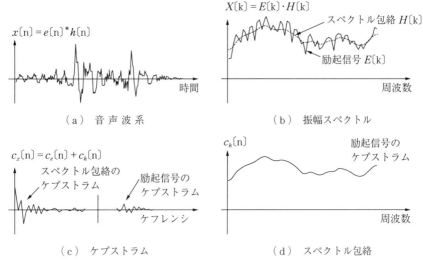

図 3.9　ケプストラム分析の例

信号とスペクトル包絡線との間の乗法関係が加法関係に変換される。つぎに，振幅スペクトルの対数に IDFT を実行することによって，主たる周波数領域の違いから，励起信号とスペクトル包絡成分を分離することができる。すなわち，スペクトル包絡成分は低いケフレンシ（ケプストラム次元の単位）に，励起信号部分はピッチ周波数に対応し高いケフレンシに局在する（図 3.9（c））。最後に，目的の入力音声信号のスペクトル包絡線であるケプストラムの低ケフレンシ部分のみをリフタリング（ケプストラム領域のフィルタリング）で捕捉し，フーリエ変換することで，$h[n]$ つまり声道伝達関数を近似的に得ることができる（図 3.9（d））。

（2）**音響モデル**　音響モデル（AM）の機能は，モデルによって生成された観測特徴ベクトル x_s の確率を提供することである。音声単位のモデル化に最も一般的に使用されるのは，隠れマルコフモデル（HMM）である。HMM は，状態遷移が非観測なマルコフ過程である[112]。HMM は，音響モデル λ として用いられる。ここで，

1. 短期間の音声スペクトル特性は，HMM 状態分布でモデル化され，一方，

2. 音声の時間的変化特性は，HMM の状態遷移によって表現される。

ここで，HMM は N 個の異なる状態で構成される確率的オートマトンとする。また，HMM は離散的な時刻 $t = 1, 2, \cdots, T$, において，一つ前の状態 q_{t-1} および現在の状態 q_t により決まる遷移確率 a_{ij} に従って状態の変化を受ける。特徴抽出の後，音声信号の各フレーム t（10 ms ごと）は，多次元連続空間内の特徴ベクトル $x_t = [c_1, c_2, ..., c_m]$ によって表される。HMM は遷移確率 $a_{ij} = P(q_t = j | q_{t-1} = i)$ に従って，フレームごと，すなわち 10 ms ごとに状態遷移を実行する。つぎに，プロセスの状態 q_t は，状態 j において，生成確率 $b_j(x_t) = P(X = x_t | q_t = j)$ に従ってベクトル x を生成する。

音響音声を表現するために使用される HMM は，Bakis モデルに従っている。HMM Bakis モデルの状態番号は，時間が増加するにつれて増加するか，または変化しないままであり，マルコフ連鎖上を左から右に移動するモデルとなっている。これは，音声生成プロセスの因果関係を考慮した形である。

$$i > j \rightarrow a_{ij} = 0$$

HMM には，状態分布が特定の特徴ベクトルまたは記号を生成するかにより，いくつかのタイプがある。記号を生成する場合には離散確率分布，連続の特徴ベクトルの際には連続の確率密度関数を使用する。

a）離散観測特徴ベクトル　　離散的アプローチでは，各状態 j の観測列が，図 3.10 に示されているように，k 個の可能な観測値 $V_j = [V_{j1}, V_{j2}, ..., V_{jk}]$

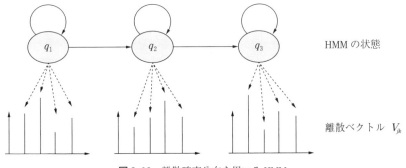

図 3.10　離散確率分布を用いる HMM

の有限集合 V に属する場合を考慮する。この場合，HMM 状態出力確率は

$$p(x_j|q_j) = P(X=x_t|Q=q_j) = p(x_t=V_{jk}|q_t=j)$$

特徴ベクトルは，そのままでは多次元連続空間内の点を表すので，可能な異なるベクトルの数は無限となる。そこで，観測空間を量子化するためにベクトル量子化（VQ）[36] を適用する。この手法は，信号情報の損失を犠牲にして元の連続データの次元を明らかに大幅に減少させ，計算の高速化が図れる。

b）連続観測特徴ベクトル　大語彙連続音声認識（large vocabulary continuous speech recognition, LVCSR）において多用されるのは，連続ガウス混合モデル（Gaussian mixture model, GMM）である。この方法では，空間を複数のクラスタに分割する代わりに，ガウス多変量密度関数を用いて連続観測空間をモデル化し，これを重み付けして各状態の生成確率または状態出力確率を計算する。ガウス分布は，状態ごとに設計され（**図 3.11**），平均ベクトル（成分の平均を d 次元ベクトルとして表す）および共分散行列（$d \times d$ 次元の共分散からなる行列）によってパラメータ化される。学習手順は，状態系列を仮定し（estimation），その尤度を最大化する（maximization）ように HMM のパラメータを推定する EM アルゴリズム[60] に基づいており，HMM 状態出力確率 $p(x_j|q_j)$ は，つぎのように計算される。

$$p(x_j|q_j) = P(X=x_t|Q=q_j) = \sum_{k=1}^{K} w_{jk} N(x_t; \mu_{jk}; \Sigma_{kj})$$

ここで w_{jk} は状態 q_j の k 番目のガウス分布の混合重みであり，$N(x_t; \mu_{jk}; \Sigma_{kj})$

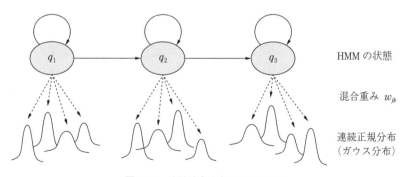

図 3.11　連続確率分布による HMM

は平均ベクトル μ_{jk} と共分散行列 $\sum_{kj}$ を持つガウス分布である。つぎに，すべての可能な状態系列または，最も可能性の高い状態系列（ビタビパス：Viterbi path）の結合確率から，HMM の尤度 $P(X_S|\lambda)$ を求める[50]。

c）音素の特徴表現　音響モデルとして，HMM は，単語，音節，またはサブワード（音素）などの音声単位の任意の時間的特性と関連付けられ得る。単語単位モデルでは，HMM が各単語に関連付けられているのに対して，音素単位モデルでは，HMM は各音素に関連付けられている。音響モデルは，調音結合効果を正確に表現することが必要となる。すなわち，隣接する音声セグメントの調音パターンが重なり合ったときに生じる音響的および調音的な変形である。これは，隣接する音素セグメント間の動的な遷移により特徴量が影響を受けるということである。その結果，音素は，異なる音素が連接する文脈で生成されたとき，非常に異なる波形を有する可能性がある。したがって，調音結合をよく表現するモデルを利用する必要がある[109]。しかし，LVCSR システムでは，必要な学習データが大量であり，デコードの検索スペースが広く，語彙システムを拡張することが効率的でないため，単語単位や音節単位の音響モデルは実用的ではない。そのため，少数であること，学習データでの出現頻度がはるかに高いということから，音素が音響モデルの単位として用いられる。現在の LVCSR システムの大部分は，コンテキスト依存型トライフォンを基本音響ユニットとして使用するものである。文脈依存型トライフォンは，文脈に依存しない発音であるモノフォンと同じ構造を有するが，直前および直後の音素に依存して異なる音素 HMM として訓練される[102]。

（3）発音辞書　発音辞書は語彙のすべての単語の発音を記述し，木構造の形で実装される[32]。サブワード（音素）単位の木構造発音辞書の例を図 **3.12** に示す。

木構造発音辞書には，すべての単語とその発音辞書（単語には複数の発音があることが多い）が含まれる。ここで，各ノードは，サブワード（音素）と関連付けられ，同じ部分発音を有する複数の単語によって共有される場合もある。木構造発音辞書の末端ノードは実際の単語を示す。このようにして，

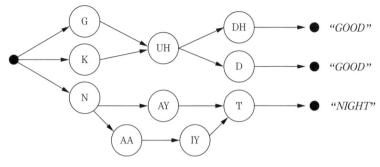

図 3.12 木構造発音辞書

HMM モデルで表されるサブワード（音素）の系列として与えられる単語の生成確率 $P(\lambda|W)$ を推定することができる。

（ 4 ） **言語モデル**　言語モデル（language model, LM）は，音声認識装置に仮定された単語列 $W = w_1, w_2, ..., w_n$ の事前確率 $P(W)$ を提供することである[32]。$P(W)$ は，単語列を構成する単語の生成確率の積に分解することができる。

$$P(W) = P(w_1)P(w_2|w_1)P(w_3|w_1w_2)...P(w_n|w_1w_2...w_{n-1})$$

$$= \prod_{i=1}^{n} P(w_i|w_1...w_{i-1})$$

しかし，任意の長い単語履歴を考慮すると，膨大な量の訓練データを必要とし，信頼性の高い確率推定が困難である。そこで，N グラムモデルを使って有限個の履歴により近似する。一般的で効果的な手法の一つはバイグラム（bigram）またはトライグラム（trigram）言語モデルであり，与えられた単語の確率を N 単語前の単語列によって決定されると仮定する。バイグラム LM では 1 単語の履歴を用いて単語列 W の確率を推定する。

$$P(W) = P(w_1)P(w_2|w_1)P(w_3|w_2)...P(w_n|w_{n-1}) = \prod_{i=1}^{n} P(w_i|w_{i-1})$$

さらに，トライグラム LM では，2 単語の履歴から単語列 W の確率を推定する。

$$P(W) = P(w_1)P(w_2|w_1)P(w_3|w_1w_2)...P(w_n|w_{n-2}w_{n-1})$$

$$= \prod_{i=1}^{n} P(w_i|w_{i-2}w_{i-1})$$

LM 文法に，すべての単語対についての確率を含む必要はなく，最も頻繁に発生する N グラムについてのみ計算し，対象の N グラムが見つからない場合は，バックオフを使用して N−1 グラム確率を計算して使用する[53],[114]。

（5） **認識／探索アルゴリズム**　　音声認識問題のための統計的フレームワークにおける探索アルゴリズムは，最大事後確率（MAP）により，観測特徴ベクトル X_S に対し，すべての可能な単語列 W の中で最も確率の高い単語列 $\hat{W}$ を選択することである[24],[131]。

$$\hat{W} = \underset{W}{\mathrm{argmax}}\, P(W|X_S)$$

ベイズ則を適用し

$$\hat{W} = \underset{W}{\mathrm{argmax}}\, \frac{P(X_S|W)P(W)}{P(X_S)} = \underset{W}{\mathrm{argmax}}\, \frac{P(X_S|\lambda)P(\lambda|W)P(W)}{P(X_S)}$$

と書き直すことができる。ここで，$P(X_s)$ の確率は，認識中のすべての単語について一定であるため無視することができ

$$\hat{W} = \underset{W}{\mathrm{argmax}}\, P(X_S|\lambda)P(\lambda|W)P(W)$$

と書くことができる。$P(W|X_S)$ は観測特徴ベクトル X_S が与えられた場合の単語列 W の事後確率，$P(X_S|W)$ は観測特徴ベクトル X_S が単語列 W によって生成された尤度であり，$P(X_S|\lambda)$ は音響モデル λ によって観測特徴ベクトル X_S が生成された尤度，$P(\lambda|W)$ は発音辞書から得られるサブワード（音素）列の確率，$P(W)$ は，言語モデルによって与えられる単語列 W の事前確率，$P(X_S)$ は X_S の系列の確率である。この統計的枠組みの多段階確率推定の概要を図 3.13 に示す。

探索アルゴリズムの問題の一つは，発言者がどの時点で発話を開始および終了するかを決定することである。連続音声認識の探索アルゴリズムは，ユーザが自然に連続的に発話しても認識できるが，発声境界を決定するための方策も

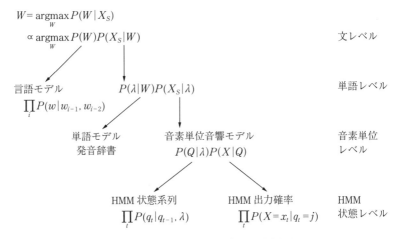

図3.13 音声認識モデルの多段階確率推定

必要となる．また，音声認識では連続発話の音声認識をオフラインまたはオンラインで行うことができる．オフライン認識では，単語列の最後に認識が行われる．オンライン認識では，発話の区切りを検出するたびに認識を行う．両方の場合において，いずれにしても，すべての可能な組合せの中から話される単語に最も可能性の高い単語列を見出すことである．このような復号化アルゴリズムまたは探索アルゴリズムにはいろいろな方法が提案されているが，最もよく使用される手法は，ビタビアルゴリズムであり，HMMの復号にも多用される．

〔3〕 深層学習を用いた音声認識

（1） 三つの代表的な深層学習方法　　深層学習技術は大きく三つの主要なクラスに分類できる．

a）教師なし学習，または生成モデル学習のための深層学習　　パターン認識の対象クラスの正解クラスラベルに関する情報が利用できない際に，観測データの間の高次の相関を捉えて教師なし学習，または，生成モデル学習を行う深層学習法である．教師なしの素性の学習などもこの深層学習のカテゴリに属する．生成モデル学習の際には，一部の観測データと正解クラスラベルの情報が学習データの一部として用いられる．また，ベイズ則を用いて，生成モデ

ル学習を識別学習に変換できる。このタイプの学習には，制約付きボルツマンマシン（ristricted boltzmann machine, RBM）[46,130]，深層信念ネットワーク（deep belief network, DBN）[47]，深層ボルツマンマシン（deep boltzmann machine, DBM）[125]，正則化オートエンコーダ（regularized autoencoder）[8]などがある。

b）教師あり学習のための深層学習　教師付深層学習では，正解クラスが既知で観測可能なデータの事後分布により，識別力の高いパターン分類が可能である。正解ラベルデータは，直接的または間接的な形でつねに利用可能である必要がある。これらは深層識別学習（discriminative deep network）とも呼ばれる。教師あり学習のための深層学習としては，深層ニューラルネットワーク（deep neural network, DNN），リカレントニューラルネットワーク[30]，または，時間遅れニューラルネットワーク（time delay neural network, TDNN）[149]，たたみこみニューラルネットワーク（convoluational neural network, CNN）[82]がある。

c）ハイブリッド深層ネットワーク　ハイブリッド深層ネットワークは，生成的または教師なし深層学習の結果組み合わせることで高精度化を行う方法である。

（2）深層学習の音声認識への適用　さまざまな深層学習が音声認識において利用されている。ここでは，各音声認識のモジュールについて解説する。

a）フロントエンドの素性抽出／素性変換

i）デノイジングオートエンコーダ　オートエンコーダ（auto encoder AE）はエンコーダとデコーダで構成され，エンコーダは入力 x を受け取り，それを潜在的表現 y にマップし，デコーダはそれを x と同じ z に逆写像し再構成する。デノイジングオートエンコーダ（denoising auto encoder, DAE）は，より頑健な素性を検出するため，雑音のある入力で学習されたオートエンコーダを用いる。音声認識では，DAE は，雑音混入音声とクリーン音声の対を入力および出力（または学習済みの AE によって写像された結果とクリーンな音声の対）を使用して雑音の低減および音声強調に使用される。

ii）変分ベイズオートエンコーダ　変分ベイズオートエンコーダ

(variational bayes auto encoder, VBAE)[70]は，有向グラフ上の確率を用いた効率的な近似推論と学習方法である。確率的勾配変分ベイズ（stochastic gradient variational bayes, SGVB)[70]アルゴリズムでは，マルコフ連鎖モンテカルロ（Markov chain Monte Carlo, MCMC）のようなサンプリング方法を使用することなく，入力から単語列までの認識システム全体の事後確率を end-to-end で効果的に学習可能である。

まず，データ x が潜在的連続変数 z を含むなんらかのランダムプロセスのもとで生成されると仮定する。音声認識では，訓練された VBAE を用いて潜在変数に従うガウス分布からデータを生成し，深層学習で構成された音響モデルのための新しい素性やサンプルとして使用する。

b）音響モデリング

i） 基本 DNN-HMM モデル（ハイブリッド DNN ／ HMM 音響モデリングアプローチ） DNN の非線形性出力ユニットからの出力は，HMM の各状態の出力確率として解釈できる。そのため，従来の GMM 音響モデルに基づく音声認識において，DNM で GMM を置き換えることが可能になる。GMM-HMM フレームワークでは，多くの隠れ層を持つ DNN は最適化が難しい。初期値をよほどよく設定しない限り，ランダムな初期値からの勾配法による最適化は最良の方法ではない。解決策は，一度に一つのレイヤーを訓練する「事前学習（pretraining）」である。よく使われているのは，restricted boltzman machine（RBM）であり，中間層を一層ずつ学習しスタックする。この生成的な「事前学習」の後，最終的なソフトマックス層が最終層に付加され，その後，DNN 全体が訓練される。したがって，事前学習で学習済みの層が DNN 全体の学習する際のよい初期値になっており，「fine tuning」をすることにより適切な重みに導くことができる。

ii） たたみこみ型，long short term memory（LSTM）型，完全結合型深層ニューラルネットワーク Deng ら[27]が 2014 年に試みた方法は，CNN，LSTM，DNN のモデルを最初に別々に学習しておき，出力層でのみ統合を行う方法であった。一方，**図3.14** に示す CLDNN（convolutional, long short-term

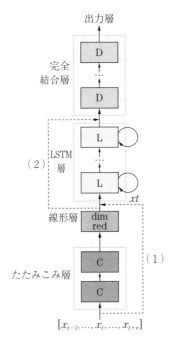

図 3.14　CLDNN の構造[119]

memory, fully connected deep neural networks)[119]は，CNN，LSTM，CNN を統合し，同時に学習する．最初の数層では，周波数方向のモデル化と分散を低減するために CNN を使用する．その後，LSTM 層に通すことで，信号を時系列としてモデル化する．最後に，完全結合の DNN に通すことで正確な識別を行う．

c）言語モデリング

i）フィードフォワード型ニューラルネットワーク（FFNN）による言語モデル　　フィードフォワード NNLM は，ニューラルネットワークの枠組みを使用して，$n-1$ の単語履歴について後続単語の事後確率分布を計算する N グラム言語モデルである．履歴は，ニューラルネットワークの入力層における $n-1$ 個の単語に相当する one hot ワードベクトルの系列によって表される．この連続するワードベクトルを連結することによって形成された結果の層は投影層（projection layer）とも呼ばれる．投影層の投影行列のユニット数により，

各単語を表すために使われる素性の数が決まる。第2番目の層は，hyperbolic tangent 関数を非線形要素として用いる隠れ層である。最後に，出力層には n 個のユニット単位を用意しモデルの語彙への確率を出力させる。

ii） リカレントニューラルネットワーク言語モデル（RNNLM）

RNNLM と FFNNLM[9]のおもな違いは，RNNLM[146]が，再帰的に接続された隠れ層を使用して潜在的に無限の長さのコンテキストを学習できることである。入力層は，隠れ層 $s(t-1)$ の以前の状態と連結された現在の単語 $w(t)$ の one hot ワードベクトル表現を使用する。隠れ層 $s(t)$ のニューロンは，シグモイド活性化関数を使用している。出力層 $y(t)$ はモデルの語彙サイズ $w(t)$ と同じ次元数を有している。出力層 $y(t)$ は，現在の単語と，前の時間ステップにおける隠れ層の状態が与えられると，つぎの単語の確率分布を出力するように学習される。リカレントニューラルネットワーク（RNN）は，典型的には，ネットワークを過去に向けて展開（有限の再帰として）し，誤差信号を複数のタイムステップを経て逆伝搬するバックプロパゲーション（back propagation through time, BPTT）[113]を使用して学習できる。

d） end-to-end の音声認識

i） 双方向リカレントニューラルネットワーク（bidirectional long short term memory, BLSTM）[40]**とコネクショニスト時系列分類**（connectionist temporal classification, CTC）（BLSTM + CTC）　この音声認識フレームワークでは，音声データは音素表現を必要とせずに直接的に認識される。このシステムは，深層双方向 LSTM リカレントニューラルネットワークアーキテクチャとコネクショニスト時系列分類の目的関数との組合せに基づいている。入力系列 x が与えられると，標準的なリカレントニューラルネットワーク（RNN）は，隠れ層の履歴ベクトル系列 h を計算し，出力ベクトル系列 y を出力する。深層双方向 RNN は，各隠れ層の履歴ベクトル系列 h を順方向系列および逆方向系列，h_{forward} および h_{backward} に置き換えることによって実装する。最後に，この RNN の出力を connectionist temporal classification (CTC)[39]に渡す。この Graves によって導入された CTC では，入力系列と出力系列の事前のアライメ

ントを必要とせずに，音声認識用の RNN を学習することを可能にする。
CTC では，CTC のネットワークを復号（デコード）するというのは，つまり，与えられた入力系列 x に対して，各時間ステップで単一の最も可能性の高い出力を選択し最も可能性の高い文字認識結果 y を見つけることである。

ii) listen, attend and spell（LAS） listen, attend and spell (LAS)[17]は，音声発話を文字系列に変換する学習を行うニューラルネットワークである（図 **3.15**）。この方法では，（1）listener：フィルタバンクスペクトルを入力として受け取り高次元の素性ベクトルに変換する，ピラミッド型のリカレントネットワーク BLSTM エンコーダ，（2）speller：高次元の素性ベクトルから出力として文字を生成する注意機構付きの再帰型ニューラルネットワークによるデコーダから構成される。ネットワークは，文字間の独立性を前提とせずに文字シーケンスを生成する。この部分が，LAS が end-to-end の CTC モデルより

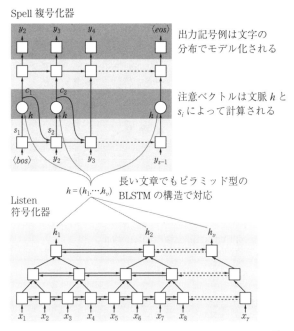

図 3.15 Listen, attend and spell ニューラルネットの構造[17]

も改善されている点である。

〔4〕 **音声認識の評価**　認識システムは，アライメントアルゴリズム（Levensthein アルゴリズム）を使用して，仮説単語と正解（実際の）単語を整列させる。これらの整列プロセスは，ワードエラー率（WER）を計算するために使用される挿入，置換および削除の数を導入する。この WER は，認識性能の性能評価尺度として使用され，つぎのように定義される。

$$WER = \frac{N_{sub} + N_{del} + N_{ins}}{N_{ref}} \times 100\%$$

ここで，N_{sub}, N_{del}, N_{ins} は置換，削除，挿入の単語数，N_{ref} は実際の単語の総数である。

図 3.16 は，2003 年当時の NIST のベンチマーク ASR テストの歴史（読上げ音声と対話音声）[106]におけるベストシステム結果を示している。この図で，

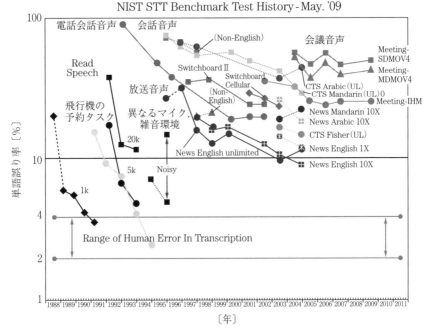

図 3.16　NIST 性能ベンチマークによる種々のタスクと音声認識性能の推移
http://itl.nist.gov/iad/mig/publications/ASRhistory/index.html

2004年の会話音声，2008年の会議音声の誤り率は約20％であり，一方，2004年のニュースの誤り率が約10％であることから，自由発話の誤り率が，読上げに近い音声の誤り率のほぼ2倍であることを示している。さらに，音響変動の存在によりASRシステムは，2000年前半は人間の聴取者よりもはるかに悪い性能であった[85),150)]。

3.3 機 械 翻 訳

　機械翻訳とは，ある言語で入力された内容を別の言語へ自動的に翻訳する技術であり，音声翻訳システムの中で非常に重要な役割を担う技術である。機械翻訳はコンピュータの黎明期である1950年代から，コンピュータの重要な応用先の一つとして注目されてきたが，いまだに人間のように正確に翻訳できる機械の実現からは程遠い。本節では，このような機械翻訳技術の難しさについて述べてから，翻訳システムの作り方と代表的な翻訳手法について説明する。

3.3.1　人間の翻訳と機械の翻訳

　翻訳で最も重要なのは，入力された言語（原言語）の文の意味を，出力したい言語（目的言語）の文に忠実に反映させることである。

　機械翻訳を考える前に，まず人間の翻訳者はどのようにこのような意味を保持した翻訳を行っているかについて考えよう。人間の翻訳者は一般的に，原言語の文書を読んで，その意味を理解してから，原言語の文を参照しながら目的言語で同じ意味の文を書き出す。

　しかし，このような「意味の理解」はかなり曖昧な概念であり，文の意味を正確に捉え，翻訳に活用する手法は決して自明ではない。このため，機械翻訳システムは人間の翻訳者とかなり異なったやり方で翻訳を行う。例えば，単語の辞書引きや表層的な置き換えだけで済む場合も考えられる。「speech translation system」であれば，「speech translation → 音声翻訳」と「system → システム」という翻訳辞書の項目をそれぞれ辞書引きし，置き換えを行うことで

「音声翻訳システム」という訳が得られる。このようなシステムは計算機上，比較的容易に実現可能である。

ただ，文法の差や単語の曖昧性があり，上記のように単純に単語を置き換えるだけで正確に翻訳できる内容は非常に限られている。もっと複雑な入力の翻訳を行う際，まず入力文の情報を表す中間的な表現に落とすような解析を行ってから，目的言語の表現へと翻訳し，最終的に文を生成する手法が使用されることが多い。さまざまな抽象化レベルにおける中間表現を表す有名な図として，図 3.17 に示す Vauquois の三角形がある。

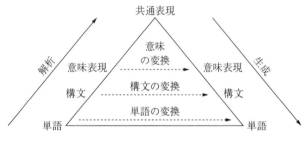

図 3.17　Vauquois の三角形

この図の最下段には，上記に述べたように単語から単語への表層的な置き換え，2 段目には文の構造を表す構文情報を考慮した翻訳，3 段目には構文情報を超えた意味情報を用いた翻訳，4 段目には原言語・目的言語に依存しない共通の意味表現に基づく翻訳を表す。

ただし，ここで注意すべきなのは，人間は必ずしも最上段の共通の意味表現を用いているとは限らない。人間の翻訳者が意味が正確に理解できなかった場合，「直訳風」になるのは，意味の翻訳を行わずに，文法だけに沿った 2 段目の翻訳を行っていると考えられる。さらに，時間制限の中で翻訳を行わなければならず，ついていくのに必死な場合の同時通訳者は文法さえも捉えず，単語ごとの通訳を行うこともある。このため，人間も Vauquois の三角形のさまざまな段階において翻訳を行っていると言える。

3.3.2　機械翻訳の難しさ

　どの段階での翻訳を行っているにせよ，翻訳作業は機械にとって決して簡単ではなく，誤りを起こして意味不明な目的言語文を生成してしまうことがしばしばある。例えば，「This machine translates speech.」に対する正しい翻訳結果と二つの誤った翻訳結果を図3.18に示す。

This machine translates speech.
正解：この機械は音声を翻訳する。
語彙選択誤り：この機械は演説を翻訳する。
並べ替え誤り：この機械は翻訳する音声。

図3.18　さまざまな翻訳誤り

　この中で，「この機械は音声を翻訳する。」は正解の和訳であるが，誤りを起こすことによってこれと異なる翻訳結果を生成することがある。例えば，二つ目の例では「speech」を誤って「演説」という別の意味で翻訳してしまい，「この機械は演説を翻訳する。」と生成している。このような，単語自体の翻訳を誤ることは語彙選択誤りと呼ばれる。また，三つ目の例では「音声」と「翻訳する」の順番を誤り「この機械は翻訳する音声。」のように目的語と動詞が逆になっている。このように並べ替え誤りが起こった際，目的言語の文法に沿わない，もしくは文法に沿っていても原言語文の意味と異なる意味の文になるおそれがある。このような語彙選択誤りや並べ替え誤りはどの言語の間に翻訳していても問題となり，機械翻訳システムが起こす誤りの大半を占める。このため，語彙選択誤りと並べ替え誤りを大幅に減らすことができれば，機械翻訳システムの性能が大きく向上することにつながる。

　もちろん，語彙選択と並べ替え以外にも，特定の言語に目を向けるとさまざまな難しさが出てくる。例えば，英語などでは単数形と複数形の差で，動詞の活用が変わるため，単数の「This machine」なら「translates」，複数の「These machines」なら「translate」と翻訳しなければならない。このような活用の一致は，英語より活用が豊富な言語への翻訳で特に大きな問題となる。例えば，ロシア語であれば，「単数・複数」，「一人称・二人称・三人称」，「完了相・未

46　　3. 自動音声翻訳の構成要素

完了相」,「男性・女性・中世」,「普通語・敬語」などのさまざまな分類がすべて活用に影響し,すべて翻訳の際に捉える必要がある。また,原言語で省略された情報を目的言語で復元する必要がしばしば出てくる。例えば,日本語で「昼食を食べた」という文では,「だれが」食べに行ったかは明示的に書かれていないが,英語では「I ate lunch」のように「I」を必ず入れる必要があるため,原言語文から省略された主語を推定し,目的言語文の適切な場所に入れることができなければ,自然な目的言語文を生成することができない。

　このように,機械翻訳にはさまざまな難しさが存在し,これを克服するために機械翻訳システムはさまざまな工夫がなされている。

3.3.3　翻訳システムの作り方

　前節で述べたようなさまざまな問題に対処する翻訳システムを構築する手法はさまざまである。具体的には,人手による構築と,データによる構築が挙げられ,以下ではこれらについて解説する。

〔1〕　**人手規則に基づく翻訳**　　機械翻訳システムの初期のころには,おもに原言語と目的言語両方に精通しているエンジニアが,原言語の単語や文法構造を目的言語へ正しく反映する規則を人手で構築する,人手規則に基づく翻訳手法が主流であった。例えば,人間は辞書を整備し,さらに「日本語の『XはYをZする』を英語で『X Z Y』に翻訳する」と言った両言語の文法を表す規則を書くことが多い。さらに,曖昧な語彙の選択(例えば,「食う」は目的語が食べ物なら「devour」,場所なら「take up」と翻訳)などに関する規則も記録することにより,多種多様な表現や事象に関する翻訳を可能とする[16]。

　このような人手規則を用いる利点として,人間の豊富な知識が直接システムに取り入れられることが挙げられる。その一方,両言語に精通しているエンジニアが多くの時間をかけて規則を作成する必要があり,大変な労力と金銭的なコストがかかる。また,メジャーな言語現象がカバーできたとしても,マイナーな言語現象が無数にあり,すべてをカバーすることが困難であるため,どんなにコストをかけても問題をすべて解決できるとは限らない。

3.3 機 械 翻 訳　　47

〔2〕 **データに基づく構築**　　その一方，人手規則に頼らずに，翻訳規則を直接対訳データから学習する，データに基づく機械翻訳手法[99]も多く提案されている。とりわけ，確率統計に基づく機械学習を用いる統計的機械翻訳[3]が多くのシステムで採用されている。これらの翻訳手法は機械学習に基づいてデータから直接翻訳に必要な情報を学習するため，直接的な人手による介入を必要とせず，比較的低コストで構築できるという利点がある。また，インターネットなどに存在する大規模なデータを用いることによって，人手で記述しきれなかったマイナーな言語現象に対処することが比較的容易である。その一方，データに基づく翻訳手法の欠点として，人手規則に基づくシステムと比べて結果が安定しないことが挙げられる。データの特徴や学習時の誤りによって，原言語文の些細な変化で訳文が大きく変わることがしばしばあり，誤りの原因になることもある。

2016 年現在では，人手規則によるシステムはまだ一部の商用システムで使われているものの，統計的機械翻訳に基づくシステムは研究のおもな対象であり，多くの言語対で統計的機械翻訳は人手規則に基づく手法と比較して高い翻訳精度を達成している。以降の節では，統計的機械翻訳を中心に，データの作成方法を説明してから，代表的な手法について述べる。

3.3.4　対訳データの収集・対応付け

データに基づく手法は，データの量と質が翻訳システムに直結する。中でも特に重要なのは，文ごとに対訳となっている対訳データが重要である。データ収集と対応付けの過程を**図 3.19** に示す。

一般的には，このデータをさまざまなデータ源から収集し，モデルの学習を行う。データ源の例としては，各国政府が発行している文章の中から対訳となっているもの，2 言語で発刊される新聞，2 ヶ国で申請される特許などが考えられる。また，これらのような整理されたデータ源以外にも，ウェブ上で膨大な対訳データがあり，これを特定・収集することにより大きな対訳データを入手できることもある。

3. 自動音声翻訳の構成要素

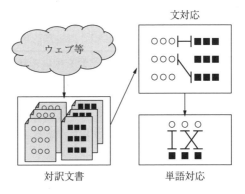

図 3.19　データの収集と対応付け

　ここで気を付ける必要があるのは，既存の対訳データの多くは文書（例えば，新聞記事，特許）ごとに対応付けられているとしても，その文書の中の文自体は対応付けられていないことが多い。この問題を克服するために，まず文書ごとに対応付けられたデータを収集してから，その中の文の対応付けを自動的に行うアルゴリズムを用いる。文の対応付けでは，対訳文書の中で文がおおよそ同じ順番になっていること，同じ内容の文であれば同じぐらいの単語数であること，対訳辞書があれば辞書に入っている単語は対応する文に現れやすいことなどの情報を利用して行う[96]。

　文の対応を取ってから，文の中の単語の対応を取る必要がある。単語の対応は一般的に，たくさんの対訳文の中から，自動的に学習することが一般的である。原言語側の単語と目的言語の単語が対応する文で現れる回数（共起回数）に基づき，共起回数の高い単語が対応されるように学習する。特に，IBM モデル[14]という，単語の共起回数，文中の単語の相対的な位置，各単語が相手言語において対応付けられている単語数などの情報を考慮する枠組みが用いられることが多い。IBM モデルの特徴の一つとして，人間が単語の対応を人手で付ける必要がなく，対訳文のみから学習できる，教師なし学習の手法であることが挙げられる。しかし，少しの人手付きデータがあれば，これを用いた教師あり学習の手法を用いることもできる。教師あり学習の利点として，「the」と「は」

など,頻度が高く教師なし学習で誤って対応付けられやすい単語の誤りを防ぐことが挙げられる。

3.3.5 フレーズベース翻訳

統計的機械翻訳の中で最も広く採用されている手法として,フレーズベース翻訳[75]が挙げられる。このフレーズベース翻訳の訳出例を図 3.20 に示す。

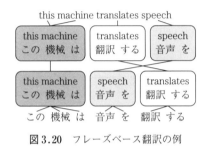

図 3.20 フレーズベース翻訳の例

この例のように,フレーズベース翻訳は文を「this machine」「translates」「speech」のような翻訳可能な断片(フレーズ)に分割してから,辞書引きでそれぞれのフレーズを目的言語のフレーズへと翻訳し,最後に翻訳されたフレーズを目的言語として適切な順番に並べ替える。フレーズベース翻訳の特徴として,訳出のプロセスが比較的シンプルであり,原言語でも,目的言語でもほとんど構文や意味に関する言語学的知識を必要としないことが挙げられる。Vauquois の三角形の中で見ると,これは単語から単語への翻訳に当たる。このため,対訳データさえあれば,比較的容易に構築することができ,多くの言語対で使われている。

しかし,上記のように「それぞれのフレーズを翻訳して並べ替える」と簡単に言っても,一つの正しい訳に対して,数えきれないほどの誤った訳が存在する。フレーズの翻訳の段階で文中のフレーズを一つでも失敗すれば語彙選択誤りになり,並べ替えの段階で順番を少しでも失敗すれば並べ替え誤りになる。このような誤った候補の中から正しい訳を選択するためには,膨大な対訳データから学習し,確率統計に基づくモデルで語彙選択と並べ替えの曖昧性解消を

50　　3.　自動音声翻訳の構成要素

行う。具体的には，下記のとおり，原言語文を F，目的言語文を E としたときに，原言語文が与えられた際の目的言語文の確率 $P(E|F)$ を定義し，この確率がもっとも高くなる翻訳候補を選択する。以下では，データからこのような翻訳確率を計算するモデルをどう獲得するかについて詳しく説明する。

〔1〕　**確率モデルの定義**　まず，確率モデルを定義するために，原言語文 F と目的言語文 E の組に対してスコア $S(E, F)$ を定義し，$P(E|F)$ の対数が $S(E, F)$ に比例することを仮定する。

$$\log P(E|F) \propto S(E, F)$$

このスコア $S(E, F)$ をさらに，入力文と出力文のさまざまな特徴を捉えた素性関数 $\phi_i(E, F)$ と，それぞれの素性に対する重み w_i を使った重み付き和で計算する。

$$S(E, F) = \sum_i w_i \varphi_i(E, F)$$

ここで，素性関数は原言語文 F に対する目的言語文 E の適切さを示す指標であり，一般的には目的言語文の流ちょうさを評価する言語モデル，原言語フレーズと目的言語フレーズの関係の強さを評価する翻訳モデル，フレーズの並べ替えの強さを評価する並べ替えモデルなどが用いられる。言語モデルに関しては，前節の音声認識と同じように，N グラム言語モデルを用いることが多い。翻訳モデルと並べ替えモデルの学習に関して，以降の節で詳しく説明する。

〔2〕　**翻訳モデル**　フレーズベース翻訳は基本的に，原言語と目的言語の単語列からなる対訳フレーズと，それに伴うスコアからなるものである。この翻訳モデルの一例を**図3.21**に示す。

この図からわかるとおり，原・目的言語のフレーズは，1 単語からなる，英和辞書でよく見かけるもの（「speech → 音声」「speech → 演説」），実際に対応されている単語に加えて「the」や「を」などの機能語が付いているもの，複合語を表すもの（「speech translation → 音声翻訳」），名詞や動詞などさまざまな単語が含まれているもの（「translate speech → 音声を翻訳する」）などさまざまである。

3.3 機械翻訳

原言語フレーズ	目的言語フレーズ	スコア $P(e\|f)$	$P(f\|e)$
speech	音声	0.4	0.5
speech	演説	0.15	0.7
speech	音声 を	0.1	0.9
spoken	音声	0.6	0.1
the speech	音声	0.7	0.2
speech translation	音声 翻訳	1.0	0.8
translate speech	音声 を 翻訳 する	1.0	1.0

図 3.21　フレーズベース翻訳の翻訳モデル

このような翻訳モデルを単語対応が取れた対訳データから自動的に抽出することが可能である．具体的な手続きは図 3.22 のとおりである．この図のように，単語対応に基づく短い単語列からなるフレーズを抽出してから，対応が付いていない単語の追加（例では「を」）や複数の単語の組合せに基づいてより長いフレーズを作成する．

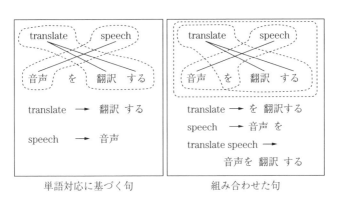

図 3.22　対訳フレーズの抽出

フレーズの抽出が終わってから，それぞれのフレーズの翻訳確率を計算する．多くの場合，対訳フレーズ $\langle f, e \rangle$ が抽出された頻度 $c(f, e)$ を数え上げてから，原言語フレーズの頻度 $c(f)$ と目的言語の頻度 $c(e)$ を数え上げて，下記の条件付き確率を各対訳フレーズに対して計算する．

$$P(e|f) = \frac{c(f,e)}{c(f)}$$

$$P(f|e) = \frac{c(f,e)}{c(e)}$$

例えば，「speech」が20回現れて，そのうち8回「音声」と翻訳されているなら，$P(e=音声|f=\text{speech})$は$8/20=0.4$となる．このような確率を計算することによって，それぞれのフレーズがどの程度の頻度でどのフレーズに翻訳されるかを数値的に表すことができて，素性関数$\phi(f,e)$の計算に役立てることができる．こうしたフレーズの翻訳確率以外にも，フレーズを単語に分解してそれぞれの単語の翻訳確率を考慮する語彙化翻訳確率なども使われることが多い．

〔3〕 並べ替えモデル　　フレーズベース翻訳では，フレーズの翻訳以外にも，フレーズの目的言語として正しい語順への並べ替えも重要な作業である．この並べ替えは，翻訳モデルと同様に確率的に表し，スコア付けの際の素性関数として利用する．最も基本的な並べ替えモデルでは，原言語で連続するフレーズに着目して，目的言語における並べ替えの種類を推定するモデルを利用する．具体的には，それぞれの単語の並びを図3.23に示す3種類に分類する．

図3.23　原言語と目的言語のフレーズの並びで定義される並べ替えクラス

そして，各フレーズに対して，それぞれの並びが起こる確率を計算する．例えば，「speech → 音声」が学習データに20回現れて，そのうち「単調」という並べ替えが行われたのが15回であれば，$P(単調|f=\text{speech})=0.75$という

確率になる。

このような並べ替えモデルは英語，フランス語など，語順の類似した言語の間の翻訳で正確な翻訳を行う上でおおよそ十分であることが多い。しかし，英語と日本語のような長距離の並べ替えを必要とする言語では，このような単純なモデルで十分な性能を発揮することができず，表層的に単語が正しくても目的言語文の全体的な並びが誤って意味が通らない文を出力することが多い。このような問題を解決する手法について，3.3.6 項で詳しく述べる。

〔4〕 **翻訳結果の探索**　モデルの構築が終われば，つぎは翻訳結果の生成を行う。この翻訳結果を生成する手続きを**図 3.24** に示す。

原言語：　this machine translates speech
目的言語：

原言語：　~~this machine~~ translates speech
目的言語：この 機械 は

原言語：　~~this machine~~ translates ~~speech~~
目的言語：この 機械 は 音声 を

原言語：　~~this machine~~ ~~translates~~ ~~speech~~
目的言語：この 機械 は 音声 を 翻訳 する

図 3.24　フレーズベース翻訳の訳出過程

この図のとおり，原言語文のすべての単語が入力されて，目的言語がない状態から始まる。そして，目的言語の最初のフレーズを翻訳し，目的言語文に追加してから，それに対応する原言語フレーズを消す。つぎに，原言語文で残っている単語の中からつぎのフレーズを選択し，目的言語文にその翻訳結果を追加する。このプロセスを，原言語文のすべての単語が消された時点まで繰り返す。このような訳文生成のための探索をデコーディングと呼ぶことが多い。

ここで注意するべきなのは，図 3.23 に一つの翻訳候補に対する訳出過程を示しているが，実際には各フレーズのすべての可能な翻訳結果と，それに対する並べ替えの可能性をすべて考慮すると膨大な数の仮説を考慮する必要があることである。現実的な時間で翻訳を行うためには，すべての翻訳・並べ替えの

組合せを考慮せずに，探索の途中でスコアが低く，よい翻訳である見込みの少ない仮説を枝刈りするビーム探索で探索する空間を絞り込み，探索の効率化を図る必要がある。ここで，絞り込みの度合いを調整することで，スピードと翻訳精度のトレードオフを調整することができる。また，何単語にも及ぶ並べ替えを制限することで探索する仮説の数を絞り込むこともある。

〔5〕 **重みの調整** 〔1〕で述べたように，さまざまな可能な翻訳候補の中から，より正確な翻訳候補を選択するために複数の素性関数を，重み w_i で重み付けてから足し合わせるスコア関数が用いられる。この中で，それぞれの素性関数に対する重み w_i を正しく決定すれば高い翻訳精度が実現され，最適ではない重みを利用すると翻訳精度が激減することが多い。

例えば，翻訳モデルが利用する素性には，目的言語文の長さに対する素性が存在する。その素性の重みが大きすぎれば，過剰に長い出力が生成され，冗長，もしくはもともと原文に含まれていない内容が出力に多く含まれることになる。一方，この文の長さに対する素性の重みが小さすぎれば，過剰に短い文が生成され，内容が欠落してしまう恐れがある。

この問題を解決するために，翻訳精度が高くなるような最適な重みを選択する手法が多く提案されている[101]。この手法の多くは図 3.25 に示す方法で重みの調整をする。

まず，原言語文とそれに対する正解訳をいくつか用意する。そして，重みを

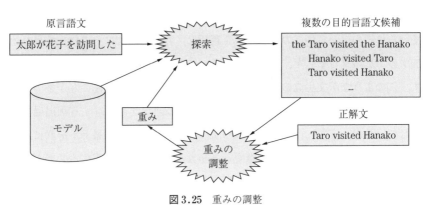

図 3.25　重みの調整

初期の値に設定し，翻訳候補を生成する。この翻訳候補を正解文と比較して，翻訳候補の中で，正解文に近いものがなるべく高いスコアになるように重みを調整する。正解文との「近さ」は3.3.8項〔2〕で述べる自動評価尺度により評価される。この手続を反復することによって，なるべく翻訳の性能がよくなるような重みを選択することができる。

3.3.6 木に基づく翻訳

いままでの説明はフレーズベース翻訳という，各言語に関する知識をほとんど用いず，単語列の翻訳と並べ替えだけで成り立つ手法を用いていた。しかし，フレーズベース翻訳の問題としてよく取り上げられるのは並べ替えの問題である。この問題を解決するために，文の構造を捉える構文木を利用して，翻訳精度を向上する手法は多数提案されており，これらを本節で説明する。

〔1〕 **構文木と構文解析**　構文木とは文の文法構造を表す木構造である。この構造の例を**図 3.26**に示す。

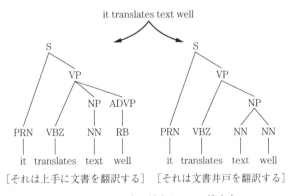

図 3.26　一つの文に対する二つの構文木

この木では，それぞれの単語や単語列の解釈を記述している。例えば，「PRN」は代名詞，「VP」は動詞句を表すという具合である。また，この木の形によって，その文に関する解釈も決まる。左側の構文木では「well」は副詞になっており，「上手に」に相当する自然な解釈になっている。右側の構文木

では,「well」は「井戸」に当たる名詞になっており,不自然な解釈になっていることがわかる。自然言語文の中で曖昧性が存在し,この曖昧な文の中から正しい構文木を発見する技術を構文解析と呼ぶ。

一般的に,構文解析器は確率的なモデルを用いて,このような曖昧性を解消する手法を取る。このモデルは,人手により付与された正しい構文木から自動的に学習できる。

〔2〕 **構文情報に基づく翻訳**　このような構文情報を翻訳に活用する手法も多く提案されている。構文情報を取り入れる効果として,解釈の曖昧性をあらかじめ絞り,その解釈に沿った翻訳結果を生成することにより,誤訳を減らせることが期待できる。特に,文の構造を考慮した翻訳を生成するため,文法的に不自然な並べ替えを抑えることができるのが大きなメリットである。

構文情報を用いた翻訳の一例として,原言語の文を解析してから,構文木の部分木を翻訳していく tree-to-string 翻訳[86]が挙げられる。この方式の一例を図 3.27 に示す。

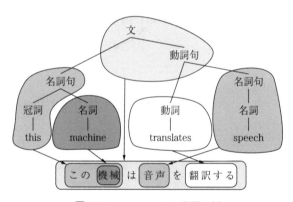

図 3.27　tree-to-string 翻訳の例

この例の中で,原言語である英語の構文木をまず作成する。それから,この木に基づいて翻訳を行う。例えば,名詞の「machine」を「機械」に,動詞の「translates」を「翻訳する」に,名詞の「speech」とそれに伴う名詞句を「音声」に翻訳する。また,「this 名詞」→「この　名詞」や,「名詞句　動詞　名

詞句」→「名詞句　は　名詞句　を　動詞」のように，より短い句を組み合わせて翻訳を行うことも可能である。これらの翻訳規則を利用することによって，言語間の文法規則の差を捉えることができ，より正確な並べ替えを行うことができる。

　このような翻訳規則の作り方以外のところはフレーズベース翻訳と類似している。単語の対応を取ってから対訳コーパスから翻訳規則を自動的に抽出し，スコアを計算することでモデルを構築する。訳出に利用するアルゴリズムはフレーズベース翻訳と若干異なるが，小さい句から大きな句を順番に展開し，各長さで翻訳候補の枝刈りを行うため，スピードと翻訳性能のトレードオフがあることはフレーズベース翻訳と同じである。しかし，句に基づくとは対照的に，原言語文の構造を決定してから翻訳を行うため，文の構造に合わない翻訳候補をあらかじめ除外することができ，長距離の並べ替えを考慮しても現実的な時間で翻訳ができるという利点がある。

〔3〕　**階層的フレーズベース翻訳**　　tree-to-string 翻訳は並べ替えを正確に行うことができるという利点がある一方，構文情報を考慮する必要があるため，原言語における構文解析器が必要となる。高性能な構文解析器の学習には，人手でタグ付けされた大規模な構文情報が必要となる。このデータの作成はコストがかかり，多くの言語においてこのようなデータを用意することは現実的ではない。

　並べ替えの多い言語対に対する頑健さは，構文情報に基づく翻訳の利点である。これを保ちながらも構文解析器を必要としない手法として，階層的フレーズベース翻訳 (Hiero)[19] が存在する。Hiero では，tree-to-string 翻訳と同じように，「this 句」→「この　句」のような翻訳ルールを用いるが，構文解析を行わないため，「名詞句」のような文法的な役割を指定せずに「句」だけを指定する。このため，誤って名詞が入るはずのところに動詞を入れてしまう（例えば「his head」を「彼の頭」ではなく「彼の向かう」と翻訳してしまう）などの誤りが発生する可能性がある。また，あらかじめ構文構造を決定することによって，可能な翻訳候補を削減することで高速な訳出を実現する tree-to-string 翻訳とは対照的に，さまざまな翻訳候補を考慮する必要があるため，一般的には翻訳には多くの時間を要する．

〔4〕 **事前並べ替え**　　また，フレーズベース翻訳という枠組みを完全に捨てずに，並べ替えの問題を緩和する手法として，翻訳を開始する前に，原言語文を目的言語文と同じ語順に並べる事前並べ替え[155]という手法が採用されることが多い．

英日翻訳における事前並べ替えの例を図 3.28 に示す．この例のように，翻訳を開始する前に英語の語順を日本語の語順に近付けてから，通常のフレーズベース翻訳で翻訳することによって，フレーズベース翻訳が苦手とする長距離の並べ替えを少なくし，精度を上げる手法である．このような事前並べ替えを行う方法もさまざまであるが，多くの場合，入力文の構文構造を解析し，人手による規則，もしくは統計モデルに基づいて事前並べ替えを行うことが多い．

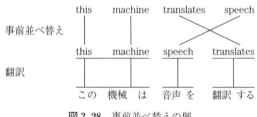

図 3.28　事前並べ替えの例

3.3.7　ニューラルネットに基づく機械翻訳

いままで紹介した翻訳手法はおもに，原言語文の塊を目的言語文の塊に置き換えることで翻訳を行う手法であった．フレーズベース翻訳ならその塊は単語列で，tree-to-string 翻訳ならその塊は原言語文の部分木であった．しかし，近年これとはまったく異なった手法を用いるニューラルネットワークに基づく機械翻訳[65]が提案され，そのシンプルさと高性能から注目を浴びている．

ニューラルネットに基づく翻訳の方式を簡単に言えば，「入力文といままで生成した単語に基づいて，つぎに生成するべき単語を予測する」手法である．

3.3 機械翻訳

図 3.29 にこの過程の実例を示す。

この例では，まず原言語文 F の「this machine translates speech」に基づいて，目的言語文の最初の単語の確率を推定する。そして，語彙に含まれているさまざまな単語の中で，最も確率の高い「この」という単語を選択し，目的言語文の最初の単語 e_1 とする。そして，つぎの単語の確率を推定するときに，入力文に加えて目的言語文の最初の単語 e_1 をつぎの単語の確率を推定するときに用いて，同じく最も確率の高い単語をつぎの単語 e_2 とする。この操作を，「文の終わり」を表す特別な単語を選択するまで繰り返す。

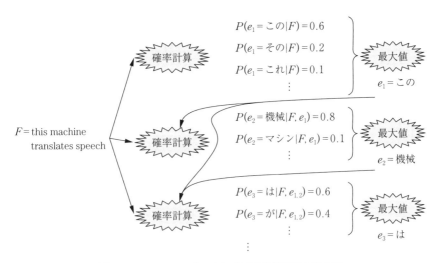

図 3.29 ニューラルネットに基づく機械翻訳の概念図

このような手法で，目的言語文の単語を一つずつ選んでいくことが可能であるが，正確につぎの単語の確率を推定する手法が必要不可欠である。以下，これらについて説明する。

〔1〕 **スコアの計算に基づく言語モデル確率の計算** まず，翻訳のことを一旦忘れて，N グラム言語モデルの話を思い出そう。N グラム言語モデルでは，以前の $n-1$ 単語に基づいて，つぎの単語の確率 $P(e_i|e_{i-n+1}, \cdots, e_{i-1})$ を推定した。通常は，いままで学習データに現れた単語列を数え上げることで確

60　　3.　自動音声翻訳の構成要素

率を計算する。

　ニューラルネットに基づく翻訳を理解する準備として，これとは異なる単語のスコアを計算し，確率に変換する手法を考える。単語 e_i に対してスコア $S(e_i|e_{i-n+1}, \cdots, e_{i-1})$ をなにかの形で計算する。このスコアをさらに確率に計算するために，スコアの指数を取って，語彙 V に入っているすべての単語のスコアの指数で割ることで確率を計算する。

$$P(e_i|e_{i-n+1}, ..., e_{i-1}) = \exp(S(e_i|e_{i-n+1}, ..., e_{i-1}))/\sum_e \exp(S(e|e_{i-n+1}, ..., e_{i-1}))$$

このスコアを確率に変換する関数は softmax 関数と呼ばれる。

　そこで，各単語のスコアを計算する方法が重要となる。簡単な例として，確率を推定しようとしている単語 e_i と，履歴の単語 $e_{i-n+1}, \cdots, e_{i-1}$ の結び付きの強さをそれぞれ計算し，足し合わせることでスコアを計算する手法である。このような手法の実例を図 3.30 に示す。

単語履歴："これ は"

e_i自身	e_{i-2}とe_iの結び付き	e_{i-1}とe_iの結び付き	合計
$\varphi(e_i=$は $)=5.1$	$\varphi(e_i=$は $|e_{i-2}=$これ$)=-1.0$	$\varphi(e_i=$は $|e_{i-1}=$は$)=-8.0$ →	$S(e_i=$は $|e_{i-2}=$これ$, e_{i-1}=$は$)=-3.9$
$\varphi(e_i=$機械$)=0.1$	$\varphi(e_i=$機械$|e_{i-2}=$これ$)=0.3$	$\varphi(e_i=$機械$|e_{i-1}=$は$)=2.0$ →	$S(e_i=$機械$|e_{i-2}=$これ$, e_{i-1}=$は$)=2.4$
$\varphi(e_i=$訳す$)=0.3$	$\varphi(e_i=$訳す$|e_{i-2}=$これ$)=-2.0$	$\varphi(e_i=$訳す$|e_{i-1}=$は$)=0.1$ →	$S(e_i=$訳す$|e_{i-2}=$これ$, e_{i-1}=$は$)=-1.6$

図 3.30　履歴の単語を独立に考えたスコア関数の計算例

　この例では，例えば「は」は頻度が高いため一般的にスコアが高い（$\phi(e_i)$ が高い）が，「は」の直後にもう一度「は」が現れることは日本語の文法でほとんど許されないため，直前の単語が「は」の場合のスコアが低い（$\phi(e_i|e_{i-1})$ が低い）。このスコアを足し合わせれば相対的に低いスコアになる。その一方，この文脈で自然に現れる「機械」はすべてのスコアが高く，足し合わせても高いスコアになるため，確率も高くなる。

　そこで，各関数 ϕ の計算方法が気になる。これらの関数の値はデータから学習される。具体的には，目的言語の学習データを用意して，そのデータの確率が高くなるようにパラメータの調整を行う。この調整を行う最適化手法として，一つの文に対して，その文の高くなる方向にむけてパラメータをちょっと

ずつ調整して行く確率的勾配降下法（SGD）を用いることが多い。

〔2〕 **ニューラルネット**　〔1〕で述べたスコア関数の計算法はシンプルであるが，実際の言語をモデル化するにはまだ少し弱い。具体的な問題として，文脈における単語の組合せを扱うことが原理的に難しいことが挙げられる。単語の組合せを扱うことが必要な例として，「猫　を」と「猫　が」の後に来る単語を考えよう。おそらく前者には「飼う」や「撫でる」など，後者には「鳴く」や「甘える」など，さまざまな適切な単語が思い浮かぶ。しかし，これらは「猫」だけは前者と後者の判別が難しく，「を」と「が」だけに頼っても「猫」の情報が失われてしまう。このため，「猫　を」や「猫　が」のような単語の組合せを考慮する必要がある。

　この単語の連鎖を扱う手法の一つとして思い付くのは，さらに前節のスコア関数を拡張し，$\phi(e_i = 飼う | e_{i-2} = 猫, e_{i-1} = を)$ のように，文脈の複数の単語を同時に考慮した関数のパラメータを覚えることが考えられる。しかし，この手法では，すべての2単語の列を覚える必要があり，モデルが膨大になってしまう。また，「猫　を」を覚えたとしても，この情報を「犬　を」に一般化することができない。

　この二つの問題を解決するのは，ニューラルネットに基づく言語モデルである。ニューラルネットは簡単に言えば，1回図 **3.31** の「e_{i-2}, e_{i-1}」のような情報を受け取り，入力される情報を1回以上変換してから確率の推定に使う手法である。具体的には，この変換関数としてつぎのような計算式を使うことが多い。

$$\psi_k(e_i | e_{i-n+1}, ..., e_{i-1}) = \tanh\Big(\sum_j \phi_{j,k}(e_i | e_{i-n+1}, ..., e_{i-1})\Big)$$

ここで，ψ_k は k 番目の変換関数，$\phi_{j,k}$ はその入力となる関数，tanh は足し算の結果を -1 と 1 の間へと変換する関数である。この変換後の特徴をベクトル ψ として表し，「隠れ層」と呼ぶことが多い。このような変換を図 3.31 に示す。

　このような変換を設けることでなにができるようになるのか？　例えば，ψ_k を「猫　を」という文脈だけの場合に正の値を取り，それ以外の場合負の値を

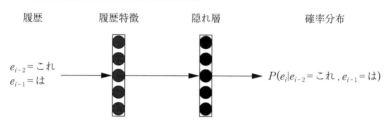

図 3.31 ニューラルネットの概念図

取る関数になるようにパラメータを調整し，この関数を後段の e_i の確率推定に用いれば，「猫　を」の文脈において現れる単語の確率を高くすることができる．また，「猫　を」，「犬　を」，「鳥　を」のような複数の組合せを表す関数にすることもでき，「ペットに対して行う行動」のような，より一般的な概念の獲得をすることも可能である．このため，ニューラルネットに基づく言語モデルは先述した単純なスコアの組合せよりも表現力が高く，新しいデータに対しても頑健な確率推定ができる可能性が高まる．

〔3〕 リカレントニューラルネット　〔2〕のニューラルネットはさまざまな利点はあるが，従来の N グラムモデルと同じく，過去 $n-1$ 単語しか考慮していないという欠点がある．しかし，言語には長距離の依存性は多く存在する．例えば，「私」から始まる文と「俺」から始まる文は全体的に文の敬語・丁寧語の利用や言葉遣いに大きな差があることが容易に考えられるが，N グラムモデルでは「私」や「俺」が一旦 N グラムの限られた文脈から抜ければ，このような情報を簡単に捉えることができない．

この問題を解決する手法の一つとして，リカレントニューラルネット（RNN[30]）はある．RNN は通常のニューラルネットと類似しているが，いままでの単語を入力するだけではなく，時間 $i-1$ の隠れ層を，時間 i の隠れ層の計算のときにも考慮する形をとったニューラルネットである．これを図 **3.32** に図示する．

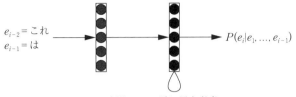

図 3.32　リカレントニューラルネットの概念図

　こうすることによって，1回情報を隠れ層に入力すれば，次回の隠れ層の計算でもその情報を参考にするため，必要に応じて情報を長時間にわたって「記憶」することができる．この記憶された情報を利用し，言語モデルにおける確率の推定を行うこともできる．ただし，RNNは理論上このような情報を表すことができるが，実際にデータから学習を行う際に，長距離の依存性を捉えるための情報を文の最後から最初まで伝搬させていくことは容易ではない．このため，多くの場合では，情報の伝搬をより円滑にするようにネットの構造を工夫したLSTM[48]を用いることも多い．

〔4〕 **エンコーダ・デコーダ**　実際にこのようなリカレントニューラルネットを翻訳に適応する手法として，エンコーダ・デコーダ（符号化・逆符号化）による翻訳[134]がある．符号化・逆符号化では，まず符号化担当のニューラルネットが原言語文を処理し，隠れベクトルへと変換する．この時点では，隠れベクトルには原文の意味が含まれていることを期待する．また，逆符号化では，現在の隠れベクトルに基づいて，図3.29のような確率の推定と最も確率の高い単語の選択を行ってから，選択された単語に基づいて隠れベクトルを更新する．この過程の概念図を**図3.33**に示す．

　ここで，「</s>」は「文末」を表す特別な記号である．入力側の文末記号が入力された時点で符号化を終了し，逆符号化で文末記号をつぎの単語として生成した時点で翻訳を終了する．

64　3. 自動音声翻訳の構成要素

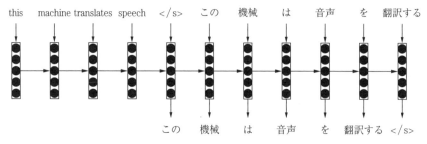

図 3.33　符号化・逆符号化の概念図

符号可・逆符号化モデルの学習は，言語モデルと同じようにパラメータを少しずつ動かしていく SGD を用いる．ここで注意すべきは，入力に条件付けられて，出力の確率を推定するため，対訳データを用いる必要がある．ただ，これ以外の学習は基本的に従来のリカレントニューラルネットと類似しており，非常に単純なモデルである．その一方，いくつかのタスクで高い性能を実現し，一部では長年研究されてきた 3.3.2 項と 3.3.3 項のような手法を上回る報告もされている．

〔5〕　**注意型ニューラルネットに基づく機械翻訳**　符号化・逆符号化のシンプルさは利点の一つであるが，一部単純すぎるところもある．特に，翻訳機はさまざまな長さの文を翻訳することが期待されるが，符号化・逆符号化ではこのさまざまな長さの文をすべて一定の大きさの隠れ層に記憶しようとする．この隠れ層が小さすぎれば，文の内容をすべて記憶しきれず誤訳になる可能性があり，大きすぎれば余計に計算資源を要することになってしまう．

この問題を解決する手法として，注意型ニューラルネットに基づく機械翻訳[5]が提案されている．注意型ニューラルネットは，つぎの単語の確率を計算する際に，一つの隠れ層ベクトルを利用するのではなく，入力文の単語をベクトルに変換したものを重み付きで組み合わせてから変換を行う．この処理の例を図 3.34 に示す．この手法を用いることにより，単純な符号化・逆符号化が苦手としていた長文の翻訳などが改善され，大幅な性能向上が見られる．

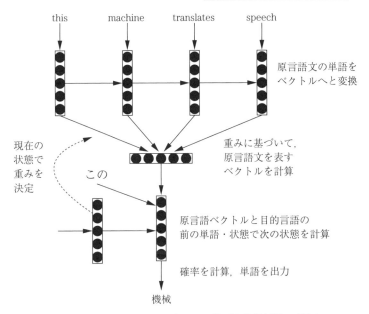

図 3.34 注意型ニューラルネットに基づく機械翻訳の手続き

3.3.8 翻訳結果の評価

これまで，さまざまな手法について述べてきた。そこで，自然と湧いてくる疑問として「さまざまな手法の中で，どの手法が最も優れているか」が考えられる。その中で，各手法の導入の手軽さや翻訳に要する時間などが重要な要因になるが，最も重要な要因は翻訳結果の正確さであろう。

翻訳精度を評価するために，一般的には大規模な学習データとは別に，小規模な評価用データを用意して，そのデータに対して翻訳結果を生成し，その結果の正しさを評価する。特に，ある特定の分野や口調の文を翻訳するシステムを目指している場合，評価用データはその分野と口調に合わせて作成することが多い。

〔1〕 **人手による評価**　翻訳結果を最終的に見るのは人間であるため，評価を人手で行うことが望ましい。人手で評価を行う際，さまざまな観点から評

価を行うことができる

- 意味的妥当性：原文の意味が反映されているかどうか（1 〜 5 段階）
- 流ちょう性：出力は目的言語として自然であるかどうか（1 〜 5 段階）
- 対比較：二つの文がある場合，どちらのほうがよいか（2 値選択）

この中で，細かい分析を行う際に前者の二つを用いることが多い。その一方，単純に二つのシステムを比較する際に対比較は評価者に説明することが比較的容易であり，クラウドソーシングなど，ネット上の訓練されていない人間による比較では手軽に使える。

また，4.1.1 項〔2〕（5）に述べる一対比較法による TOEIC（Test of English for International Communication）換算値による翻訳出力文の評価法も提案されており，部分的ではあるが実際の人間の英語力との比較が可能である。

〔2〕 **自動評価**　人手による評価は人間の翻訳結果に対する意見を反映できる点では優れているが，多くの時間と費用がかかるため，システムの開発段階で頻繁に行うことができないという欠点もある。そこで，翻訳結果を人間に見せずに評価を行う手法は提案されており，機械翻訳システムの効率的な開発におおいに貢献している。

自動評価は基本的に，評価したい原言語文の意味を正しく反映させた参照訳を人手で用意し，翻訳システムが生成した翻訳結果をこの参照訳と比較することで行われる。翻訳結果が参照訳に近ければ近いほど翻訳結果として「正しい」と評価される。

しかし，この「近さ」を定義することは決して容易な問題ではなく，さまざまな手法が存在する。最も広く使われている手法として BLEU[107] が挙げられる。BLEU では，翻訳結果に対して，1 〜 4 単語の短い単語列に対して，参照訳に入っている割合（適合率）を調べていく。この適合率の計算を**図 3.35** に示す。

これを一つの評価値に変換するために，1 〜 4 単語の適合率の幾何平均を取る。また，翻訳候補で出力文が短ければ短いほど適合率が上がる傾向にあるため，翻訳結果の長さが参照訳より短い場合にペナルティも設ける。

図 3.35 単語列の適合率の計算例

BLEU 以外にも非常に多くの評価尺度が提案されている．ここで主要なものを挙げる．

- NIST スコア：BLEU では，どの単語列にも同じ重みを付けるが，NIST スコアは珍しい単語は文の意味に中心的であることが多いことに着目して，珍しい単語列により重みを置く．
- 翻訳編集率（TER）：翻訳結果を翻訳者に提示し，正しい翻訳結果へと編集してもらうことが多いことに着目して，後編集にどの程度の労力がかかることに着目する．
- RIBES：日英・英日翻訳などでは生成する単語が正しくても文法が誤って意味が通らない翻訳結果が多いことに着目して，単語の並びに着目する．
- METEOR：言い換え，単語の並び，内容語と機能語の区別など，さまざまな問題に着目し，それぞれのパラメータを最適化することで人手評価と高い相関を実現する．

3.3.9 機械翻訳の現状と未解決問題

2016 年 5 月現在では，英語・フランス語や英語・スペイン語など，言語構造が類似しており学習データが豊富な言語対では，フレーズベース翻訳やニューラルネットを用いた翻訳でおおむね理解できる機械翻訳結果が得られる．英日や日英翻訳においても，木構造に基づく手法やニューラルネットに基づく手法も発達しており，いままでと比べて理解できる翻訳結果が得られることが多くなっている．

68   3. 自動音声翻訳の構成要素

また，機械翻訳の国際コンペである WMT や IWSLT において，2015 ～ 2016 年にニューラルネットに基づく翻訳は他の手法に比較して高性能を実現している。今後の方向として，ニューラルネットに基づく手法はおおいに注目されており，さまざまな工夫に関する研究が行われている。

- 木構造などの言語的情報を取り入れたニューラル翻訳
- BLEU などの評価尺度を直接最大化するニューラル翻訳
- 単語の内部まで見て，活用や複合語に頑健な翻訳手法
- 従来法とニューラル翻訳を組み合わせたハイブリッド手法

これらの取組みで，より正確で信頼性のある機械翻訳への取組みが進められつつある。

3.4 音 声 合 成

音声合成とは，与えられた入力に応じた音声波形を出力する技術である。中でも，任意のテキストを入力する技術はテキスト音声合成と呼ばれ，古くは 1900 年代なかばから研究が進められている。技術の進歩に伴い，現在では，明瞭かつ自然な音声の合成や，さらには所望の非言語情報（個人性など）やパラ言語情報（発話様式など）を付与した音声の合成などもおおむね実現され，テキスト音声合成はさまざまな場面で利用されるまでに至っている。一方で，いまだ人間の発話能力には遠く及ばない面もあり，精力的な研究開発が続けられている。

本節では，音声合成の歴史（3.4.1 項）について手短に述べた後，代表的なテキスト音声合成の仕組み（3.4.2 項）について説明する。そして，近年世界的に注目を集めている統計的手法に基づく音声合成方式（3.4.3 項）と，合成音声の非言語情報やパラ言語情報を制御する技術（3.4.4 項）について説明するとともに，合成音声の評価（3.4.5 項）についても述べる。最後に，現状と今後の課題（3.4.6 項）について手短に述べる。

3.4.1 音声合成の歴史

1939 年の万国博覧会にて，アメリカのベル研究所の Dudley により開発された電気的に音声を合成するシステム：ボーダ（Voder）によるデモンストレーションが行われた。このシステムの基本原理は，ボコーダ（vocoder）もしくはソースフィルタモデルと呼ばれる音声生成の仕組み[29]に基づいており，励振源生成部（声帯振動による音源生成に対応）と共振付与部（声道形状に応じた共振特性を付与する調音に対応）からなるシンプルな構造で音声信号を合成できることを広く知らしめた。このソースフィルタモデルの仕組みは，音声分析，合成処理の根幹をなす技術として，現在もなお用いられている。その後，任意のテキストに対応した音声を合成するために，規則に基づいてソースフィルタモデルのパラメータ（励振源パラメータと共振パラメータ）を制御する規則ベース音声合成方式[72]が盛んに研究された。

1980 年代後半，規則ベース音声合成方式に変わるものとして，コーパスベース音声合成方式が提案された[116]。これは，大量の音声波形ならびに対応するテキストをコーパスとしてコンピュータに蓄積しておき，音声合成処理をコーパスに対する情報処理・信号処理として数理的に記述することで，半自動的にシステムを構築するものである[118]。代表的な手法は，素片選択型音声合成方式（3.4.2 項〔3〕を参照）であり，規則ベース音声合成方式における職人芸的な規則設計から，より数理的な音声合成手法の構築へと，研究のパラダイムを大きくシフトさせた。これにより，研究者間での技術・知見の共有が一気に進み，研究分野が活性化した。また，コンピュータの性能改善に伴い，取り扱えるコーパスサイズも急激に拡大し，コーパスの設計に関する研究も精力的になされた[67]。このような背景のもと，テキスト音声合成の性能は劇的に改善された。

さらに，2000 年代中ごろになると，コーパスベース音声合成方式をより数理的に明確に記述する方式として，統計的パラメトリック音声合成方式[162]が盛んに研究されるようになった。コーパス中に含まれる音声データの切り貼りで合成音声を生成する素片選択型音声合成方式とは大きく異なり，数理モデル

から直接合成音声を生成する処理を可能とした。このパラダイムシフトをもたらした手法が，1990年代中ごろから研究が開始された隠れマルコフモデルに基づく音声合成方式（3.4.3項を参照）である[74]。これにより，非言語情報やパラ言語情報の制御が格段に容易となり，表情豊かな合成音声の実現に向けて，さまざまな研究が盛んに行われている[145]。近年では，深層学習に基づく音声合成方式[84]など，より表現力に優れた数理モデルの利用が，精力的に研究されている。

3.4.2　テキスト音声合成の仕組み

テキスト音声合成における代表的な処理の流れを図3.36に示す。テキストから音声を合成するためには，テキスト解析に対応する自然言語処理と，韻律生成，音韻生成，および，波形合成に対応する音声情報処理が必要となる。

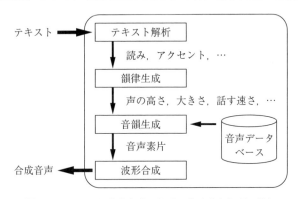

図3.36　テキスト音声合成における代表的な処理の流れ

〔1〕　**テキスト解析**　　テキスト解析では，自然言語処理により，入力されたテキストに対して，読み，品詞，アクセントなどを表すコンテキスト情報を推定する[117]。コンテキスト情報は，後段の処理の入力として使用されるため，テキスト解析の性能は，合成音声の自然性や明瞭性に大きな影響を与える。

テキスト解析における代表的な処理を図3.37に示す。初めに，テキスト正規化処理を施すことで，テキスト中に含まれる読む必要のない記号などを取り除く。つぎに，形態素解析を行い，分かち書きされていない日本語文を，形態

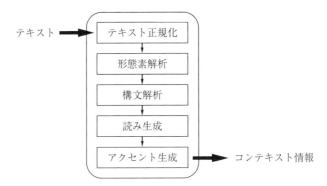

図 3.37 テキスト解析における代表的な処理の流れ

素（言語的に意味を持つ最小の単位）へと分割した後に，構文解析を行うことで，個々の形態素間の係り受け構造を推定する．

つぎに，これらの結果に基づき，読みを生成する．その際には，必ずしも同一の形態素が同じ読みを生成するとは限らないため，文脈を考慮して読みの推定処理を行う必要がある．例えば，同じ「本」でも

- 「一本」であれば「イッポン」
- 「二本」であれば「ニホン」
- 「三本」であれば「サンボン」

というように，前の数字に応じて適切な読み方を推定する必要がある．

また，基本周波数（声の高さを表す物理量）の高低パターンにより表現されるアクセントの生成や，息継ぎに対応するフレーズ境界の推定を行う．日本語の個々の単語は，固有のアクセントを持ち，かりに同一の音韻系列であってもアクセントの違いにより単語が区別される．例えば，音韻系列「ハシ」+「ガ」に対しては，基本周波数の高低パターンを「H」（高）と「L」（低）で記述すると

- 「箸が」であれば「ハ＝H，シ＝L，ガ＝L」
- 「橋が」であれば「ハ＝L，シ＝H，ガ＝L」
- 「端が」であれば「ハ＝L，シ＝H，ガ＝H」

というように，単語に応じたアクセントを推定する必要がある．さらに，異な

るアクセントを持つ複数の単語がつながり，一つのアクセントを形成するなど，文脈に応じてアクセントは変化するため，読みの推定と同様に，文脈を考慮した推定処理が行われる[115]。

形態素解析，構文解析，読み生成，アクセント生成，フレーズ境界推定を行う上で，近年の主流としてよく用いられる手法は，大量のテキスト・音声コーパスから自動的に推定モデルを学習する手法である。条件付き確率場（conditional random field, CRF）やサポートベクトルマシン（support vector machine, SVM）などの識別モデルが，推定モデルとして比較的よく用いられる[76),77)]。

〔2〕**韻律生成** テキスト解析の結果得られるコンテキスト情報から，おもに韻律に関する音声パラメータとして，基本周波数パターンや，音量パターン，音素継続長などを生成する。ここで，コンテキスト情報に含まれる個々の情報（音素情報，品詞情報，アクセント情報，係り受け情報など）が音声パラメータの制御要因として利用されるが，個々の音声パラメータにより有効な制御要因は大きく異なる。

例えば，音素継続長の生成においては，母音や子音で大きく継続長は異なるため，音素情報は重要な制御要因となるし，基本周波数パターンの生成においては，基本周波数の高低パターンでアクセントが表現されることから，アクセント情報が重要な制御要因となる。このような対応関係を捉えるために，テキスト・音声コーパスを用いて，各種音声パラメータとコンテキスト情報のペアを学習データとして用意し，自動的に推定モデルを学習する方法がよく用いられる。推定モデルとしては，数量化Ⅰ類に代表される線形モデルや，決定木に代表される非線形モデルがよく用いられる[59)]。

一例として，決定木を用いた音素継続長の推定処理を**図 3.38** に示す。決定木の各ノードには，音声コーパス中に含まれる多数の音素継続長サンプルが割り当てられており，その平均値が与えられる。コンテキスト情報に関する質問に基づき，音素継続長サンプルは二つのノードに分割され，個々のノードにおいて，割り当てられた音素継続長サンプルを用いて新たな平均値が計算され

3.4 音声合成

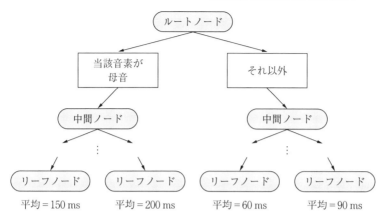

図 3.38 決定木による音素継続長推定の例

る。このような決定木を事前に学習しておくことで，未知のコンテキスト情報に対しても，ルートノードから決定木を下ることで，リーフノードにたどり着くことができ，その平均値を継続長の推定値とすることができる。

なお，基本周波数パターンの推定に関しては，基本周波数パターンをさらにパラメータ化して，そのパラメータを予測する場合が多い。例えば，基本周波数パターンを個々のアクセントに対応する部分系列に分割し，代表的な形状を表すテンプレートにより表現する方法がある[63]。また，物理的生成過程を考慮した数理モデルとして，基本周波数パターン生成過程モデル：藤崎モデル[33]を適用することも可能である（図 3.39）。

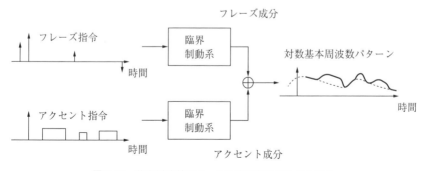

図 3.39 基本周波数パターン生成過程モデルの仕組み

74   3. 自動音声翻訳の構成要素

このモデルでは，基本周波数パターンの対数値を，大局的な変化を表すフレーズ成分と局所的な変化を表すアクセント成分の和で表現する。ここで，フレーズ成分はパルス列で表されるフレーズ指令列に対する臨界制動応答にて表され，アクセント成分は矩形列で表されるアクセント指令列に対する臨界制動応答にて表される。フレーズ指令およびアクセント指令は，コンテキスト情報との対応がとりやすいという利点に加え，個々の指令を操作することで基本周波数パターンを容易に加工できるという利点もある。なお，対数基本周波数パターンに階層構造を仮定し，個々の階層における成分の足し合わせで表現する枠組みは，他のパラメータ化手法においてもしばしば利用される。

〔3〕 **音韻生成**   テキスト解析の結果得られるコンテキスト情報や，韻律生成の結果得られる韻律情報から，適切な音韻情報を生成する。あらかじめ，テキスト・音声コーパス中の音声を，コンテキスト情報に応じた合成単位に分割して，音声素片として蓄積しておき，合成時にはそれらをつなぎ合わせることで，所望の音韻情報の生成が可能となる。古くは，各合成単位当り一つの音声素片を蓄積する手法が用いられ，蓄積する単位として，音素単位，音節単位，2音素の遷移区間を捉えるダイフォン単位，母音の中心部を境界とするVCV単位，子音の中心部を境界とするCVC単位など，さまざまなものが研究されてきた[3]。これに対し，コーパスベース音声合成方式の出現に伴い，個々の合成単位に対応した音声素片をあらかじめ一意に定めるのではなく，合成対象となるテキストに応じて，コーパス中のすべての音声素片から最適な系列を動的に選択する素片選択（もしくは単位選択）と呼ばれる手法が提案された[58]。**図3.40**に，素片選択処理の概要を示す。

かりに，「えらぶ」というテキストに対して，音節単位に基づいて素片選択を行う際に，「えらぶ」に対応した音声波形がコーパスに含まれているのであれば，その音声波形から音節素片系列「え」，「ら」，「ぶ」を選択することが可能となる。これらの音節素片系列はもともとコーパス中でつながっているため，結果として，「えらぶ」という音声素片を選択することと等価になる。このように，合成するテキストに応じて動的な素片系列の探索を行うことで，入

3.4 音声合成

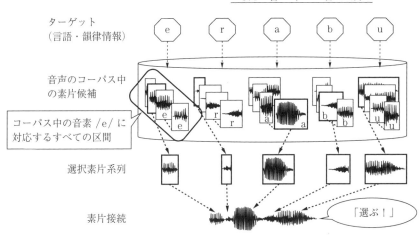

図 3.40 素片選択処理の例

力に応じて長さがかわる可変長単位の利用が可能となる。

素片選択では，選択用の尺度としてコストを定義し，それが最小となる素片系列を選択する。代表的なものとして，目標値（コンテキスト情報や音声パラメータ）と個々の素片の間の不一致度を表すターゲットコストと，二つの素片を接続した際に生じる不連続性を捉える接続コストが利用され，それらを重み付け和などで統合することで，素片系列に対するコストが計算される[55]。高品質な合成音声を得るためには，合成音声の自然性劣化を精度良く捉えるコストを用いる必要があるため，コンテキスト情報や音声パラメータからコストを推定するコスト関数の設計が重要となる。これに対して，合成音声に対する知覚実験結果を利用して，聴覚的な特性を考慮した設計を行う手法[137]や，素片系列といった離散シンボル系列モデリング問題として，機械学習に基づく設計を行う手法[69]が提案されている。

個々の音声素片を直接利用するのではなく，複数の音声素片に対して統計的な音声素片を生成する手法も提案されている。コンテキストクラスタリングに基づく手法[97]では，先の決定木に基づく継続長生成（図 3.38）と同様の処理に基づいて音声素片が決定される。コンテキスト情報および韻律情報に関する質問を用いて，決定木に基づくクラスタリングを行うことで，コーパス中の音

素素片を類似した音響特徴を持つグループ（クラスタ）に分割し，各クラスタにおいて代表的な音声素片を求めておく。合成時には，与えられたコンテキスト情報および韻律情報に基づいて，ルートノードから順番に決定木を下っていき，たどり着いたルートノードにおける代表的な音声素片を用いる。決定木を用いたコンテキストクラスタリングを素片選択のための予備選択として利用する手法[11]も提案されている。また，複数素片の代表的な音声素片を求める手法として，波形合成時に生じる信号処理歪みも考慮して，最適な音声波形素片を生成する閉ループ学習法[64]も提案されている。

〔4〕 **波形合成**　　音韻生成の結果得られる音声素片系列を用いて，音声波形を合成する。音声素片として音声パラメータ系列を蓄積している場合，まず個々の音声素片に対応する音声パラメータ系列をつなぎ合わせることで入力された文に対応する音声パラメータ系列を生成し，ソースフィルタモデルを用いて音声波形を合成する。そのため，韻律生成の結果得られる音声パラメータを直接利用したり，音声パラメータの補間処理により素片接続時に生じる不連続性を緩和したりすることが可能となる。一方で，音声信号をパラメータ化し，ソースフィルタモデルにより再合成するという処理では，多くの近似誤差やパラメータの推定誤差が生じるため，合成音声の品質は劣化する。

　これに対して，音声素片として音声波形を直接用いる手法として，波形接続方式が提案されている。音声波形の切り出しおよび接続により合成音声波形が生成されるため，ソースフィルタモデルの利用に伴う品質劣化を回避できる。一方で，接続処理により聴感的な不連続性を含む音声が合成されたり，目標とは異なる不自然な韻律特徴を持つ音声が合成されたりする傾向がある。これらの問題は，コーパスサイズを拡大することで低減することが可能であるが，波形接続において十分な品質の合成音声を得るためには，一人の話者が特定の発話様式で数時間程度（例えば，10時間程度）発声した音声データを含むコーパスが必要となる[68]。また，そのようなコーパスを用いて合成できる音声は，同一話者および同一発話様式の音声に限定されるため，合成音声の品質は高くとも，音声表情を柔軟に制御するのは困難となる[15]。

3.4.3 統計的パラメトリック音声合成方式

統計的パラメトリック音声合成方式では，コーパス中の音声波形に対する音声パラメータ系列を確率的生成モデルに代表される統計モデルで表現しておき，合成時には，事前に得られた統計モデルから合成音声を直接生成する。すなわち，個々の音声素片を用いるのではなく，複数の音声素片に対して共有される特徴を捉える合成単位を統計的に学習し，合成時に利用する。この一連の処理は，確率的生成モデルのパラメータ最適化問題や，データサンプリング問題として明示的に記述することができ，数理的見通しに優れているという利点がある。その結果，テキスト音声合成システムの自動構築や，多言語への適用を容易なものとするとともに，統計モデルパラメータの変更により生成される合成音声の特徴を変化させることが容易であるため，個人性や発話様式の制御など，表情豊かな音声合成システムを実現するのに適している。さらに，合成時には，コーパス中の音声データを直接保存する必要はなく，学習の結果得られる統計モデルを保存するだけでよいため，フットプリントが小さな音声合成システム（例えば，数 MB 〜数十 MB 程度）を構築することも可能である。

隠れマルコフモデル（HMM）に基づく音声合成方式は，この統計的パラメトリック音声合成方式の先駆けとして，1995 年ごろに提案され，2000 年代中ごろには統計的パラメトリック音声合成の有効性を世界的に認知させるに至った[160]。HMM に基づく音声認識で培われたさまざまな知見ならびに技術を適用することで，従来の素片選択および波形接続に基づく音声合成とは大きく異なるきわめて柔軟性に富んだ音声合成処理が実現できることを示した。また，世界的に精力的な研究活動がなされた結果，製品レベルに至る品質の音声を合成できるようになった。以降では，統計的パラメトリック音声合成方式の代表例として，HMM 音声合成方式に着目し，特に HMM を音声認識ではなく音声合成に適用するために必要となる技術について焦点を当てて説明する。また，HMM 音声合成に代わる統計的パラメトリック音声合成方式として，近年盛んに研究がなされている深層学習に基づく音声合成方式についても手短に述べる。

〔1〕 **HMM 音声合成の仕組み**　HMM とは，状態系列を潜在変数としたマルコフ過程を持つ確率的生成モデルである。HMM 音声合成では，HMM を用いてコンテキスト情報と音声パラメータ（韻律に対応する音素継続長や基本周波数パラメータや音韻に対応するスペクトルパラメータ）を対応付ける。図3.41 に HMM 音声合成の概要を示す。大きく学習処理と合成処理に分かれ，学習処理では，① 学習データ生成処理，および ② モデル学習処理が行われる。一方で，合成処理では，③ モデルからのパラメータ生成処理，および ④ 波形生成処理が行われる。各処理の概要を以下に示す。

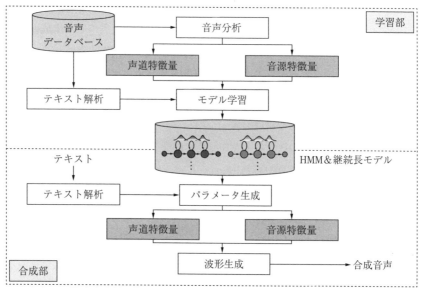

図 3.41　HMM 音声合成の概要

① 音声分析処理　…　音声データから音声特徴量を抽出する処理。
② モデル学習処理　…　テキスト解析の結果から得られるコンテキスト情報と音声特徴量を用いて，HMM および継続長モデルを学習する処理。
③ パラメータ生成処理　…　学習された HMM および継続長モデルから，入力されたテキストに対するコンテキスト情報に対応する音声パラメー

タを生成する処理。

④　波形生成処理　…　生成された音声パラメータから音声波形を生成する
処理。

以下では，おもに①，②，③の各処理についてより詳しく解説する。

〔2〕　**音声分析処理：特徴量抽出**　　音声分析処理として，ソースフィルタ
モデルを用いて，音声波形を，声道パラメータ（共振パラメータ：スペクトル
パラメータなど）と音源パラメータ（励振源パラメータ：基本周波数（F_0）な
ど）の時間系列として表現する。このとき，時間方向の連続性など，補間特性
に優れたパラメータを利用することが望ましい。代表的な声道パラメータとし
て，メル一般化ケプストラム[141]が提案されており，線形予測分析における全
極表現からケプストラム分析におけるフーリエ基底表現までを連続的に取り扱
えるとともに，聴覚特性に基づく周波数伸縮を加味したパラメータ表現を得る
ことができる。また，音源パラメータとしては，各時刻における基本周波数の
対数値が幅広く用いられるが，励振源を高精度にモデル化する際には，非周期
成分や声門波形形状を表すパラメータなども用いられる。なお，基本周波数は
声帯振動の周波数に対応するものであるため，有声音（母音および有声子
音：/b/ や /z/ など）を発声する際には観測されるが，無声音（無声子音：/p/
や /s/ など）を発声する際には観測されない。そのため，基本周波数パター
ンは，対数基本周波数を表す連続値と無声を表す離散シンボルからなる時系列
として表現される。

　音声波形からの音声特徴量抽出の手順を**図 3.42** に示す。まず，音声パラ
メータ（スペクトルパラメータや基本周波数パラメータ）を，音声の分析区間
（時間フレーム）をずらしながら抽出する（フレーム分析）。つぎに，当該時間
フレームの音声パラメータ（静的特徴量）のみでなく，その時間フレームにお
ける時間変動成分を表す動的特徴量も用いて，HMM でモデル化する音声特徴
量として両特徴量の結合ベクトルを抽出する。ここで，動的特徴量は，音声パ
ラメータの時間微分を表し，当該および前後の時間フレームにおける複数の音
声パラメータに対する線形変換として，解析的に計算される。

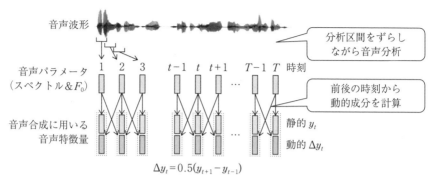

図 3.42　音声波形からの音声特徴量抽出処理

〔3〕 学習処理：多空間確率分布 HMM による基本周波数パターンモデリング　HMM を用いて各コンテキスト情報に対応する音声特徴量の時系列をモデル化する。具体例として，音素 /a/ の音声特徴量系列を 3 状態 HMM でモデル化する場合を考える。HMM の各状態は，音素 /a/ の音声特徴量系列の始まり，中頃，終わりの区間におおむねそれぞれ対応し，各状態の出力分布により，個々の区間における音声特徴量の確率分布を表現する。HMM に基づく音声認識と同様に，左側の状態から右側の状態へと遷移するモデル構造を用いることで，時間方向の伸縮を表現することができ，確率分布を用いることで，音声特徴量の揺らぎを効果的に表現することができる。

声道特徴量系列のモデル化には，音声認識と同様に，出力分布として確率密度関数を持つ HMM（連続 HMM）が用いられる。一方で，音源特徴量系列に対しては，連続値（有声音フレーム：1 次元）と離散値（無声音フレーム：0 次元のシンボル）が切り替わる基本周波数系列をモデル化する必要があり，通常の連続 HMM では対応が困難となる。この問題を解決するため，多空間確率分布 HMM（multi-space distribution-HMM, MSD-HMM）が提案された[143]。新たに空間という概念を設けることで，異なる次元を持つ観測ベクトル系列を確率的にモデル化することを可能とした HMM であり，個々の状態において，離散シンボルを生成する空間に対する無声空間重みと，有声空間から対数基本周波数を生成する確率密度関数を用いることで，基本周波数パターンのモデル化が

可能となる[92]。図 3.43 に多空間確率分布 HMM による基本周波数パターンモデリングの例を示す。無声空間重みは，各状態において無声フレームの出現する確率（＝有声フレームが出現しない確率）を表すことになり，例えば，音素 /s/ のような無声音の場合には，無声音重みが 1 に近くなる。有声空間における確率密度関数は，連続 HMM の場合と同様，観測データ（基本周波数）の確率分布をモデル化する。

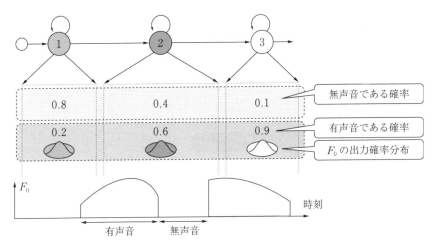

図 3.43　多空間確率分布 HMM による基本周波数パターンモデリング

なお，声道特徴量は連続 HMM でモデル化され，音源特徴量は MSD-HMM でモデル化されるが，おのおの独立にモデル化すると，両特徴量において同期がとれなくなり，適切な音声パラメータ系列を表現できなくなる。そこで，声道特徴量と音源特徴量を連結させた結合ベクトルを観測データとして，状態系列が共有されるという条件のもとで，個々の特徴量に対する次元に異なる確率分布を持つマルチストリーム構造を導入する。すなわち，HMM の各状態は，出力確率分布として，声道特徴量をモデル化する確率分布と，音源特徴量をモデル化する多空間確率分布を保持することで，両特徴量からなる観測ベクトルに対する出力確率を定義することが可能となる。

〔4〕 **学習処理：継続長モデリング**　テキストから音声を合成する際に

は，個々のHMM状態の継続長（状態から生成される時間フレーム数）を適切に決定する必要がある。通常のHMMでは，状態遷移確率により状態系列確率が計算されるため，状態継続長は指数分布によりモデル化される。この場合，例えば，最尤基準で状態継続長を生成する場合，状態継続長が長くなるほど状態系列確率が小さくなるという問題が生じる。これに対し，より適切な状態継続長分布をモデル化するために導入されたのが，状態継続長モデルである（図3.44）。例えば，各HMM状態の継続長を正規分布でモデル化することで，平均的な状態継続長を生成する際に最も状態系列確率を高くすることができる。このように，状態継続長モデルを持ったHMMを，隠れセミマルコフモデル（hidden semi-Markov model, HSMM）と呼ぶ。状態継続長モデルのパラメータは，出力分布のモデルパラメータと同時に学習することが可能である[161]。

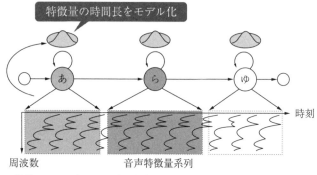

簡単のため，各モーラを1状態HMMでモデル化する場合を示す。

図3.44 隠れセミマルコフモデルによる状態継続長のモデル化

〔5〕 **学習処理：コンテキストクラスタリング**　各種音声特徴量を制御するコンテキスト情報として，以下に示すコンテキスト要因を考慮する。

- 音素：当該音素，前後の音素，音素の属性，音素の位置など。
- 音節：音節内の音素数，フレーズ内の音節位置，前後の音節情報など。
- 単語：品詞など。
- フレーズ：アクセント型，フレーズ内の音節数，呼気段落内のフレーズ位置など。

- 呼気段落：文内の呼気段落位置など．
- 文：文内の音素・音節・単語・フレーズ数など．

例えば，「現実（genjitsu）」というテキストの最初の音素 /g/ に対応する音声特徴量を制御するためのコンテキスト情報として，当該音素は /g/ であること，後続音素は /e/ であること，品詞は名詞であること，「現実を」という句に対応するアクセント情報など，さまざまなコンテキスト要因を考慮する．各音素素片は，これらのコンテキスト要因の組合せにより表現されるため，その数は膨大であり，存在し得るすべてのコンテキストの組合せをカバーする学習データの構築は非現実的である．この問題に対処するため，決定木を用いたコンテキストクラスタリングを行うことで，複数のコンテキストに対する音素素片をまとめ上げて，共有の音素 HMM によりモデル化することで，頑健なモデルパラメータ学習を可能にする（図 3.45）．

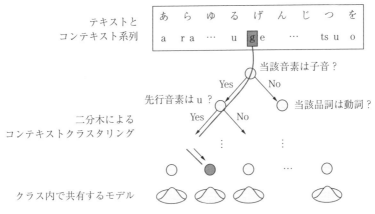

図 3.45 決定木を用いたコンテキストクラスタリング

なお，制御要因として有効なコンテキスト要因は，声道特徴量や音源特徴量により異なるし，音素の開始状態，中間状態，終了状態においても異なる．そのため，コンテキストクラスタリングは，HMM の状態ごと，ならびに特徴量ごとに行われ，最終的に図 3.46 に示すような複数の決定木が構築される．

3. 自動音声翻訳の構成要素

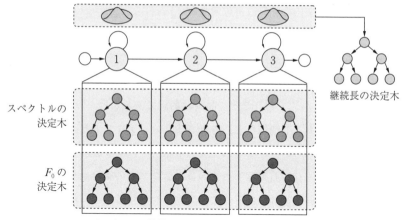

スペクトルと F_0 は状態ごと，継続長は一つの決定木を有する。

図 3.46 コンテキスト依存隠れセミマルコフモデルの構成

　この処理は，3.4.2項〔2〕や〔3〕で述べた決定木を用いたコンテキストクラスタリングによる韻律生成や音韻生成と同種のものである。大きな違いとしては，個々の音声素片を音声特徴量ではなく，それに対する確率分布で表現している点である。これにより，例えば HMM の尤度最大化といった統一的な目的関数に基づき，すべての処理を最適化することが可能となり，音素継続長や基本周波数パターンなどの韻律特徴や共振パラメータなどの音韻特徴の同時モデリングが実現される[159]。

〔6〕 **合成処理：パラメータ生成**　音声合成時には，テキストに対応するコンテキスト情報を抽出した後に，各決定木をルートノードから下っていき，リーフノードに対応する状態継続長分布ならびに出力分布を決定することで，テキストに対応する文 HMM を構成する。その後，例えば，尤度最大化基準に基づき，文 HMM から音声パラメータを生成する。よく用いられる処理として，まず，状態継続長モデルを用いて，個々の状態の継続長を決定する。状態継続長モデルとして正規分布を用いる際には，平均が状態継続長となる。これにより，文 HMM に対する状態系列が一意に決定され，音声特徴量に対する状態出力分布系列が求められる。その後，静的・動的特徴量の間の明示的な関係

を制約条件として，状態出力分布系列が表す静的・動的特徴量の結合ベクトルに対する確率密度を最大化する音声パラメータ系列（静的特徴量系列）を生成する[142]。図 3.47 に，出力分布と音声パラメータ系列の例を示す。

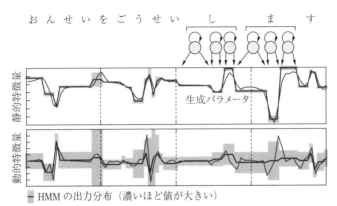

図 3.47 音声パラメータ生成の仕組み

HMM の個々の状態では定常性を仮定するため，静的特徴量のみを考慮すると時間的に階段状に変化する音声パラメータ系列が生成される。一方，動的特徴量を考慮することで，静的特徴量と動的特徴量の両出力分布の確率密度を高くするように音声パラメータ系列が決定されるため，結果として，滑らかに遷移する音声パラメータ系列を生成することが可能となる[91]。

なお，最尤基準に基づく音声パラメータ生成処理は，過剰に平滑化された音声パラメータを生成する傾向にある。この過剰な平滑化現象は，合成音声の音質を著しく劣化させ，こもった音質の合成音声をもたらす。これに対し，過剰な平滑化を捉える特徴量を統計的にモデル化し，その統計的性質も考慮して音声パラメータを生成する方法が提案されている。代表的な特徴量として，系列内変動（global variance[138]）や変調スペクトル（modulation spectrum[135]）など，音声パラメータ系列に対する非線形変換で得られる特徴量が提案されている。系列内変動は，音声パラメータ系列の変動の大きさを捉える特徴量であ

り，それを一般化した変調スペクトルは，パラメータ系列を個々のフーリエ基底に分解し，その大きさを捉える特徴量となる。これらの特徴量は，音声パラメータ系列が持つ揺らぎ成分を，ある側面からではあるが効果的に捉えることができ，統計的なモデリングを可能とする。結果として，HMM では誤差としてみなされるような揺らぎ成分も合成時に復元することが可能となり，より高品質な音声の合成が可能となる。

〔7〕 ニューラルネットワークに基づく音響モデリング　近年，深層ニューラルネットワーク（DNN）は，画像認識や音声認識などさまざまなパターン認識分野において，大幅な認識性能改善をもたらしている。これに倣い，音声合成に対しても DNN が導入され[163]，急速な研究開発が進められている[84]。HMM 音声合成方式では，コンテキスト情報と各種音声特徴量の間の対応関係をモデル化するために，決定木に基づくコンテキストクラスタリングを用いるのに対し，DNN 音声合成では，コンテキスト情報から各種音声特徴量への変換関数が直接ニューラルネットワークによりモデル化される。HMM における状態内の定常性の仮定を必要とせず，また，LSTM に代表されるリカレント構造を導入して，時系列データにおける時間的な依存関係を直接モデル化することも可能であり[31]，動的特徴量を考慮せずとも時間的に適切に遷移する音声パラメータ系列を生成することができる。さらに，敵対的学習[66],[120]など，近年盛んに研究されている深層学習技術を導入することで，過剰な平滑化を緩和し，より高品質な音声の合成が実現できることが報告されている。HMM 音声合成と比較し，多くの利点があることから，DNN 音声合成の研究は今後さらに発展すると予想される。

3.4.4　非言語情報およびパラ言語情報の制御

統計的音声合成方式の出現により，言語情報のみならず，パラ言語情報や非言語情報も制御可能とする音声合成システムの研究開発が活性化している。例えば，音声翻訳システムへの応用においては，古くから研究が行われていた話者性を制御する技術[2]に加えて，強調情報を制御する技術[28]や，音声翻訳システ

ムにおけるテキスト音声合成機能の評価[42]などの研究が進められている。以降では，次世代の音声翻訳システムに向けた音声合成技術の発展として，合成音声に対して所望のパラ言語情報・非言語情報を付与する技術について述べる。

〔1〕 **声質変換による合成音声加工**　入力された音声波形に対して，言語情報を保持したままパラ言語・非言語情報を自由に変換するように加工処理を施す技術として，声質変換技術がある。なお，話者性や発話様式の変換を実施するためには，音声パラメータに対して高度な変換処理を実施する必要がある。このような変換処理を実現するために，統計モデルに基づく声質変換技術が古くから研究されている[1]。

統計的声質変換技術の一例として，**図 3.48** に声質変換の一つである話者変換技術（音声の話者性を変換する技術）を示す。統計的声質変換では，元音声と目標音声からなる学習データを用いて，音声パラメータに対する変換関数を自動的に構築する。この処理手順は，学習部と変換部に分けられる。

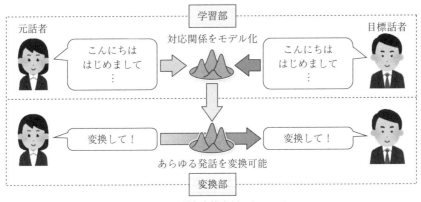

ここでは，話者変換を例にしている。
図 3.48 声質変換の仕組み

学習部ではまず，元話者と目標話者の同一発話音声から，それぞれ音声パラメータを抽出し，時間フレームの対応付けを行うことで，元話者の音声パラメータを入力とし，目標話者の音声パラメータを出力とする教師あり学習データを構築する。そして，入力と出力の対応関係を表す統計モデルを学習する。

88　　　3.　自動音声翻訳の構成要素

さまざまな手法が提案されており，代表的なものとして，混合正規分布モデルを用いる手法[132]，ニューラルネットワークを用いる手法[18]，非負値行列因子分解を用いる手法[136]などが提案されている。

　変換時には，入力される元音声の音声パラメータを抽出した後，事前に学習された統計モデルを用いて，目標音声の音声パラメータへと変換する。その際に，3.4.3項〔6〕で述べたHMM音声合成におけるパラメータ生成処理と同様に，静的・動的特徴量に関する制約を導入することで，時系列データ単位での変換処理を実現し，適切に遷移する変換音声パラメータを得ることができる[139]。また，系列内変動[138]や変調スペクトル[135]を導入することで，過剰な平滑化を緩和することも可能である。

〔2〕　**モデル適応による音声表情制御**　　統計的音声合成方式の発展に伴い，統計モデルのパラメータを直接制御して，合成音声の表情を制御する手法についても，盛んに研究されている。ここでは，代表的な統計モデル適応技術として，声を真似る（適応技術），声を混ぜる（補間技術），声を操る（回帰技術）手法について述べる。

（1）　**声を真似る（適応技術）**　　所望の話者や表情の音声を合成するためには，目標音声のデータを用いたモデル学習が必要になる。例えば，HMM音声合成方式において，特定話者の音声合成システムを構築する上で，少なくとも数百文の音声データを学習処理に必要とするが，その規模の音声データの収集が困難な場合（例えば，金銭的・時間的なコストが高い場合）がある。そこで，目標とする音声が合成されるように，少量の音声データのみを用いて，既存のモデルのパラメータを適応させる技術がある。これは，モデル適応技術と呼ばれる技術であり，数文から数十文のみの音声データのみを用いて，所望の話者や表情の音声を合成できる。さらに，大量の話者のデータから平均的な声を合成する平均声モデルを構築しておくことで，適応性能を改善することも可能である[156]。

（2）　**声を混ぜる（補間技術）**　　二つの異なるモデルがあるときに，そのモデルパラメータを補間することで中間的な音声表現を実現できる[158]。例え

ば，読み上げ音声と喜び声のモデルを重み付きで補間することにより，喜び度を連続的に変化させた音声が合成可能である。また，異なる話者のモデルを補間することで新たな声色の音声を合成可能であり，例えば，男女のモデルの補間では中性的な声色となる。

（3） **声を操る（回帰技術）**　所望の情報に応じて，モデルパラメータを決定できる。モデルパラメータを任意の説明変数からの回帰により推定することで，説明変数（例えば，感情）に応じた音声パラメータを生成できる[100]。学習時にはこの回帰パラメータを推定する必要があるが，HMM 音声合成の枠組みにおいては，通常の最尤推定と同様の枠組みで推定される。

〔3〕 **音声翻訳に対する適用**　音声翻訳への適用を見据え，言語情報のみならずパラ言語情報・非言語情報などの翻訳が必要とされる。ここでは，代表的な技術として，合成音声に話者性を付与する技術と，強調を付与する技術について述べる。

（1） **話者性を付与する技術**　統計的声質変換技術やモデル適応技術を利用することで，所望の話者性を合成音声に付与できる。例えば，日本語話者 A さんが日英音声翻訳を利用するときには，あたかも A さんが話しているような声色の英語音声を合成することが可能となる。異なる言語間における統計的声質変換処理としては，日英音声翻訳の出力音声を合成する英語テキスト音声合成システムを用いて，英語音素から日本語音素への写像関係を定義することで，A さんの日本語音声に対応する合成音声を生成し，合成音声の声色から A さんの声色への変換関数を学習する手法[2]が古くから研究されている。得られた変換関数を用いることで，日英音声翻訳の出力音声を A さんの声色へと変換できる。また，HMM 音声合成方式におけるモデル適応技術に関する研究も盛んに研究されており，英語音声合成用 HMM に対する適応パラメータを，A さんの日本語音声を適応データとして用いて教師無し推定する手法[105]が提案されている。このほかにも，素片選択方式を拡張して，A さんの日本語音声データ中の音声素片を用いて英語音声に対応する音声パラメータ系列を生成し，それを学習データとして利用して，A さんの英語音声合成用 HMM を学習

90   3. 自動音声翻訳の構成要素

する手法[111]などが提案されている。

（2） **強調を付与する技術**　モデル適応技術として，3.4.4項〔2〕（3）
で解説した回帰技術を利用することで，所望の強調を合成音声に付与できる。
例えば，「このマーカーはインクが切れています」という文の「インク」を強
調したい場合を考える。「インク」に対応するモデルパラメータを所望の強調
度からの回帰により求めることで，「インク」を強調した音声を合成できる。
英日翻訳に用いる際には，元英語音声「This marker has no INK.」の各単語の
強調度を推定し，その強調度を翻訳（例えば，「INK」が強調されているなら
対応する「インク」を強調）して合成音声に付与する[28]。これにより，音声の
強調度に含まれるパラ言語情報を，言語を越えて伝達できる。

3.4.5　合成音声の評価

　コーパスベース音声合成方式では，基本的に，使用するコーパスに含まれる
音声と同じ特徴を持つ合成音声が生成される。かりに，活舌の悪い話者の音声
を使用した場合と安定して明瞭な発話を行う話者の音声を使用した場合とで
は，生成される合成音声の品質は大きく異なる。そのため，個々の研究者は手
元にある独自のコーパスを利用して研究を進めることが多くなるが，異なる音
声合成技術を比較するためには，実装が必要不可欠となり，容易ではない。

　この問題を解決するために，個々の研究者が同一の共有可能なコーパスを利
用して自身の音声合成システムを構築し，大規模な聴取実験により合成音声を
比較評価するという活動が，国際的なテキスト音声合成評価会 Blizzard
Challenge として 2005 年から毎年開始されている[144]。年々，コーパスサイズ
や合成対象とする話者，言語，発話様式などを変えて，タスクが設定されてお
り，一定の条件下においてさまざまな音声合成技術の比較がなされている。ま
た，オープンソフトウェアの開発も精力的に行われることで，研究分野がおお
いに活性化している。この結果，テキスト音声合成技術は飛躍的な進歩を見せ
ており，今後も技術改善は精力的に行われると予想される。このような活動に
倣い，声質変換技術においても，2016 年から Voice Conversion Challenge[140]が

開始されており，今後の技術発展が期待される。

　合成音声の評価を実施する上で，テストデータとしてコーパスに含まれない音声データを用意し，目標音声として利用することが多い。物理的指標に基づく客観評価尺度としては，目標音声から抽出された音声パラメータと合成音声から抽出された音声パラメータ間の距離がしばしば用いられる。ある面においては，有効な評価を実施することができるが，必ずしも合成音声の善し悪しをすべて判断できるとは限らない。例えば，音声パラメータ間の距離は大きくなったとしても，合成音声の自然性が改善されることがある。そもそも，人が同一の内容を複数回発声して得られる音声データ間において，音声パラメータ間の距離を計算しても，零にはならない。音声信号は多種多様な揺らぎを含んでいるため，目標音声との距離が自然な揺らぎによるものか，合成処理の誤差によるものかを判断するのが，根本的に難しい。これは，目標音声が一意に定まる音声符号化とテキスト音声合成の評価において，本質的な異なる点である。結果として，合成音声の評価を実施する際には，上記の客観評価尺度に加え，合成音声の聴取実験に基づく主観評価尺度を求めることで，異なる技術間の評価を行う。その際に，合成音声を多面的に評価するため，自然性，話者性，明瞭性といった個々の要因に着目した聴取実験が行われる。自然性や話者性に関しては，オピニオン評定に基づく評価や，対比較に基づく評価がしばしば実施される。一方で，明瞭性の評価においては，合文法無意味文（semantically unpredictable sentences[10]）などを用いた書き取り実験による評価が行われる。統計的に安定した評価結果を得るためには，多数の合成音声データならびに多数の被験者による聴取実験が必要不可欠となる。例えば，上述した Blizzard Challenge や Voice Conversion Challenge では，100 人規模の被験者による聴取実験が実施されている。

3.4.6　音声合成の現状と今後の課題

　コーパスベース音声合成技術の発展に伴い，大規模かつ品質の高い音声データからなるコーパスを利用することで，話者や発話様式を限定するという条件

下では，自然音声に迫る品質の合成音声が得られるようになった。また，統計的パラメトリック音声合成の発展に伴い，必要となるコーパスサイズの低減や，テキスト音声合成システムの小規模化，さらには，表情豊かな音声の合成といった柔軟性に優れたテキスト音声合成処理が可能となった。一方で，ソースフィルタモデルの利用による品質劣化の影響は大きく，いまだその品質は自然音声と比べて明らかに劣化するものである。近年，素片選択型音声合成方式と統計的パラメトリック音声合成方式のハイブリッド的な枠組みとして，WaveNet[103]やSampleRNN[94]といったニューラルネットワークによる音声波形モデリング技術が提案され，合成音声の劇的な品質改善がなされた。これらの枠組みは，音声波形を離散化することで，素片選択型音声合成方式と同様に，離散シンボル系列モデリングの問題として定式化するとともに，統計的パラメトリック音声合成方式と同様に，確率的生成モデルの利用を可能とするものである。また，テキスト解析処理と音声情報処理部をニューラルネットワークで統一的に記述することで，同時に最適化する枠組みも盛んに研究されている。

　統計的音声合成方式は，今後もさらに発展すると予想されるが，現状の枠組みでは，依然として大きな課題が残っている。現状の技術は，基本的に，コーパス中に含まれる音声データの特徴をモデリングするものであり，特徴を補間して内挿する能力は各段に向上しているが，外挿して新たな特徴を見つけるまでには至っていない。人のように真に表情豊かな音声の合成を実現するためには，もう一歩，技術の進展が必要であると予想される。また，これまでの研究では，テキストとパラ言語情報や非言語情報は独立に扱われることが多かったが，実際には強い関連性があるため，合成音声による意図伝達をより自然にするためには，入力テキストに対する変形処理も必要となるであろう。また，音声コミュニケーションへの応用を考えると，発話内容のプランニングも考慮した合成処理の実現が望まれる。

　最後に，現状の音声合成技術は，所望の個人性を持つ任意のテキストを合成できるレベルに至っている。これは，障碍等で声を失った人々に対して，再び自身の声を取り戻す福音であり，ボイスバンクプロジェクト[157]として実際に

社会的な活動も進められている。一方で，なりすましを助長する技術とも言えるため，悪用される恐れがあることを忘れてはならない。音声合成技術は，正しい使い方をすればわれわれの生活を豊かにするものであり素晴らしい技術であるが，誤った使い方をすれば悲劇を招く危険性を持つ技術である。そのため，音声合成技術は「包丁」であるという社会的認知を広めていく必要がある。

引用・参考文献

1) M.Abe, S.Nakamura, K.Shikano, and H.Kuwabara : Voice conversion through vector quantization, J. Acoust. Soc. Jpn. (E), **11**, 2, pp. 71-76 (1990)

2) M.Abe, K.Shikano, and H.Kuwabara : Statistical analysis of bilingual speaker's speech for cross-language voice conversion, J. Acoust. Soc. Am., **90**, 1, pp. 76-82 (1991)

3) 阿部匡伸 : コーパスベース音声合成技術の動向 [II] : 音声合成単位を例題に，電子情報通信学会誌，**87**，2，pp. 129-134 (2004)

4) A.M.Aull and V.W.Zue : Lexical stress determination and its application to large vocabulary speech recognition, In Proc. ICASSP, pp. 1549-1552 (1985)

5) D.Bahdanau, K.Cho, and Y.Bengio : Neural machine translation by jointly learning to align and translate, In Proceedings of the International Conference on Learning Representations (ICLR) (2015)

6) J.Baker : The DRAGON system—an overview, IEEE Trans. ASSP, **23**, 1, pp. 24-29 (1975)

7) F.K.-V.Beinum : Vowel contrast reduction : An acoustic and perceptual study of Dutch vowels in various speech conditions, Ph.D. thesis, Academic Amsterdam (1980)

8) Y. Bengio, A. Courville, and P. Vincent : Representation learning : A review and new Perspectives, Technical report (2012)

9) Y. Bengio, R. Ducharme, and P. Vincent : A neural probabilistic language model, Journal of Machine Learning Research, **3**, pp. 1137-1155 (2003)

10) C.Benoit, M.Grice, and V.Hazan : The SUS test : a method for the assessment of text-to-speech synthesis intelligibility using semantically unpredictable

sentences, Speech Communication, **18**, 4, pp. 381-392 (1996)

11) A.W.Black and P.Taylor：Automatically clustering similar units for unit selection in speech synthesis, Proc. EUROSPEECH, pp. 601-604 (1997)

12) H.Bourlard and N.Morgan：Connectionist Speech Recognition：A Hybrid Approach, Kluwer Academic Publishers (1994)

13) G.Bouselmi, D.Fohr, I.Illina, and J.P.Haton：Multilingual non-native speech recognition using phonetic confusion-based acoustic model modification and graphemic constraints, In Proc. ICSLP, pp. 109-112 (2006)

14) P.F.Brown, V.J.D.Pietra, S.A.D.Pietra, and R.L.Mercer：The mathematics of statistical machine translation：Parameter estimation, Computational Linguistics, **19**, 2, pp. 263-312 (1993)

15) N.Campbell：コーパスベース音声合成技術の動向［V・完］：大規模音声コーパスによる音声合成，電子情報通信学会誌，**87**，6，pp. 497-500 (2004)

16) J.G.Carbonell, R.E.Cullingford, and A.V.Gershman：Steps toward knowledge-based machine translation, IEEE Transactions on Pattern Analysis and Machine Intelligence, **3**, pp. 376-392 (1981)

17) W. Chan, N. Jaitly, Q.-V. Le, and O. Vinyals：Listen, Attend and Spell：A Neural Net work for Large Vocabulary Conversational Speech Recognition, in Proc. ICASSP (2016)

18) L.-H.Chen, Z.-H.Ling, L.-J.Liu, and L.-R.Dai：Voice conversion using deep neural networks with layer-wise generative training, IEEE / ACM Trans. Audio, Speech, and Lang. Process., **22**, 12, pp. 1859-1872 (2014)

19) D.Chiang：Hierarchical phrase-based translation, Computational Linguistics, **33**, 2, pp. 201-228 (2007)

20) B.Chigier and J.Spitz：Are laboratory databases appropriate for training and testing telephone speech recognizers?, In Proc. ICSLP, pp. 1017-1020 (1990)

21) Y.Chow, M.Dunham, O.Kimball, M.Krasner, G.Kubala, J.Makhoul, P.Princes, S.Roucos, and R.Schwartz：BYBLOS：The BBN continuous speech recognition system, In Proc. ICASSP, pp. 89-92 (1987)

22) E.David and O.Selfridge：Eyes and ears for computers, Proc. IRE, **50**, 5, pp. 1093-1101 (1962)

23) K.Davis, R.Biddulph, and S.Balashek：Automatic recognition of spoken digits, Journal of the Acoustical Society of America, 24, pp. 637-642 (1952)

24) M.DeGroot：Optimal Statistical Decisions, McGraw-Hill (1970)

引 用 ・ 参 考 文 献　　95

25) P.B.Denes and M.V.Mathews : Spoken digit recognition using time-frequency pattern matching, Journal of the Acoustical Society of America, 32, pp. 1450-1455 (1960)

26) L.Deng and D.O'Shaughnessy : Speech Processing : A Dynamic and Optimization-Oriented Approach, Marcel Dekker, Inc. (2003)

27) L. Deng and J. C. Platt : Ensemble deep learning for speech recognition, in Proc. Interspeech, pp. 1915-1919 (2014)

28) Q.T.Do, T.Toda, G.Neubig, S.Sakti, and S.Nakamura : Preserving word-level emphasis in speech-to-speech translation, IEEE/ACM Trans. Audio, Speech and Lang. Process., **25**, 3, pp. 544-556 (2017)

29) H.Dudley : Remaking speech, J. Acoust. Soc. Am., **11**, 2, pp. 169-177 (1939)

30) J.L.Elman : Finding structure in time, Cognitive science, **14**, 2, pp. 179-211 (1990)

31) Y.Fan, Y.Qian, F.-.L.Xie, and F.K.Soong : TTS synthesis with bidirectional LSTM based recurrent neural networks, Proc. INTERSPEECH, pp. 1964-1968 (2014)

32) P.Fetter : Detection and transcription of OOV words, Ph.D. thesis, TU Berlin (1998)

33) H.Fujisaki and K.Hirose : Analysis of voice fundamental frequency contours for declarative sentence of Japanese, J. Acoust. Soc. Jpn. (E), **5**, 4, pp. 233-242 (1984)

34) T.Fukada, K.Tokuda, T.Kobayashi, and S.Imai : An adaptive algorithm for Mel-cepstral analysis of speech, In Proc. ICASSP., pp. 137-140 (1992)

35) K.Fukunaga : Introduction to Statistical Pattern Recognition 2nd Edition., Academic Press (1990)

36) R.M. Gray : Vector Quantization. IEEE ASSP Magazine, **1**, 2, pp. 4-29 (1984)

37) S.Ghorshi, S.Vaseghi, and Q.Yan : Comparative analysis of formants of British, American and Australian accents, In Proc. ICSLP, pp. 137-140 (2006)

38) B.Gold and N.Morgan : Speech and Audio Signal Processing : Processing and Perception of Speech and Music, John Wiley & Sons (1999)

39) A. Graves, S. Fernández, F. Gomez, and J. Schmidhuber : Connectionist temporal classification : labelling unsegmented sequence data with recurrent neural networks, In Proc. ICML, pp. 369-376 (2006)

40) A. Graves, N. Jaitly, and A. Mohamed : Hybrid speech recognition with deep bidirectional LSTM, in Proc. Automatic Speech Recognition and Understanding (ASRU), pp. 273-278 (2013)

41) J.Hansen : Analysis and compensation of stressed and noisy speech with

application to robust automatic recognition, Ph.D. thesis, Georgia Institute of Technology (1988)

42) K.Hashimoto, J.Yamagishi, W.Byrne, S.King, and K.Tokuda：Impacts of machine translation and speech synthesis on speech-to-speech translation, Speech Communication, **54**, 7, pp. 857-866 (2012)

43) S.Heid and S.Hawkins：An acoustical study of long-domain /r/ and /l/ coarticulation, In 5th Seminar on Speech Production：Model and Data, pp. 77-80 (2000)

44) C.Henton：Acoustic variability in the vowels of female and male speakers, Journal of the Acoustical Society of America, **91**, 4, p. 2387 (1992)

45) H.Hermansky：Perceptual linear predictive (PLP) analysis of speech, The Journal of The Acoustical Society of America, 87, pp. 1738-1752 (1990)

46) G. Hinton：Training Products of Experts by Minimizing Contrastive Divergence, Neural Computation, **14**, 8, pp. 1771-1800 (2002)

47) G. Hinton, S. Osindero, and Y. Teh：A fast learning algorithm for deep belief nets, Neural Computation, **18**, 7 (2006)

48) S.Hochreiter and J.Schmidhuberä：Long short-term memory, Neural computation, **9**, 8, pp. 1735-1780 (1997)

49) J.Holmes and W.Holmes：Speech Synthesis and Recognition, Taylor & Francis (2001)

50) W.Holmes and M.Huckvale：Why have HMMs been so successful for automatic speech recognition and how might they be improved?, Speech Hearing and Language, 8, pp. 207-219 (1994)

51) P.Howell, K.Young, and S.Sackin：Acoustical changes to speech in noisy and echoey environments, ETRW：Speech Processing in Adverse Conditions, pp. 223-225 (1992)

52) C.Huang, T.Chen, and E.Chang：Accent issues in large vocabulary continuous speech recognition, International Journal of Speech Technology, **7**, 2-3, pp. 141-153 (2004)

53) X.Huang, A.Acero, and H.-W. Hon：Spoken Language Processing, Prentice Hall (2001)

54) G.W.Hughes：On the recognition of speech by machine, Sc.d dissertation, Dept. of Electrical Engineering, MIT (1959)

55) A.J.Hunt and A.W.Black：Unit selection in a concatenative speech synthesis

引 用 ・ 参 考 文 献　　97

system using a large speech database, Proc. ICASSP, pp. 373-376（1996）

56）M.Iseli, Y.L.Shue, and A.Alwan：Age- and gender-dependent analysis of voice source characteristics, In Proc. ICASSP, pp. 389-392（2006）

57）F. Itakura, S. Saito *et al*.：An Audio Response Unit Based on Partial Correlation, IEEE Trans. COM-20, pp. 792-797（1972）

58）N.Iwahashi, N.Kaiki, and Y.Sagisaka：Speech segment selection for concatenative synthesis based on spectral distortion minimization, IEICE Trans. Fundamentals, **E76-A**, 11, pp. 1942-1948（1993）

59）N.Iwahashi and Y.Sagisaka：Statistical modelling of speech segment duration by constrained tree regression, IEICE Tran. Inf. and Syst., **E83-D**, 7, pp. 1550-1559（2000）

60）F.Jelinek：Continuous speech recognition by statistical methods, Proc. IEEE, **64**, 4, pp. 532-556（1976）

61）B.Juang and L.Rabiner：Automatic Speech Recognition：A Brief History of the Technology Development, 2nd Edition. Elsevier Encyclopedia of Language and Linguistics（2005）

62）J.-C.Junqua and J.-P.Haton：Robustness in Automatic Speech Recognition— Fundamental and Applications, Kluwer Academic Publishers（1996）

63）籠嶋岳彦，森田眞弘，瀬戸重宣，赤嶺政巳，志賀芳則：代表パターンコードブックを用いた基本周波数制御法，電子情報通信学会論文誌 D-2，**85**，6，pp. 976-986（2002）

64）籠嶋岳彦，赤嶺正巳：閉ループ学習に基づく最適な音声素片の解析的生成，電子情報通信学会論文誌 D-2，**83**，6，pp. 1405-1411（2000）

65）N.Kalchbrenner and P.Blunsom：Recurrent continuous translation models, In Proceedings of the Conference on Empirical Methods in Natural Language Processing pp. 1700-1709（2013）

66）T.Kaneko, H.Kameoka, N.Hojo, Y.Ijima, K.Hiramatsu, and K.Kashino：Generative adversarial network-based postfilter for statistical parametric speech synthesis, Proc. ICASSP, pp. 4910-4914（2017）

67）河井　恒，津崎　実：コーパスベース音声合成技術の動向［III］：コーパスの設計と評価尺度，電子情報通信学会誌，**87**，3，pp. 227-231（2004）

68）河井　恒，戸田智基，山岸順一，平井俊男，倪　晋富，西澤信行，津崎　実，徳田恵一：大規模コーパスを用いた音声合成システム XIMERA，電子情報通信学会論文誌 D，**89**，12，pp. 2688-2698（2006）

69) N.S.Kim and S.S.Park：Discriminative training for concatenative speech synthesis, IEEE Signal Processing Letters, **11**, 1, pp. 40-43 (2004)

70) D.P. Kingma and M. Welling：Auto-encoding variational Bayes, In, Proc. ICLR (2014)

71) B.E.D.Kingsbury：Perceptually Inspired Signal Processing Strategies for Robust Speech Recognition in Reverberant Environments, Ph.D. Dissertation, Dept. of EECS, University of California, Berkeley (1998)

72) D.H.Klatt：Review of text-to-speech conversion for English, J. Acoust. Soc. Am., **82**, 3, pp. 737-793 (1987)

73) D.H.Klatt and L.C.Klatt：Analysis, synthesis, and perception of voice quality variations among female and male talkers, Journal of the Acoustical Society of America, **87**, 2, pp. 820-857 (1990)

74) 小林隆夫, 徳田恵一：コーパスベース音声合成技術の動向 [IV]：HMM 音声合成方式, 電子情報通信学会誌, **87**, 4, pp. 322-327 (2004)

75) P.Koehn, F.J.Och, and D.Marcu：Statistical phrase-based translation, In Proceedings of the 2003 Human Language Technology Conference of the North American Chapter of the Association for Computational Linguistics pp. 48-54 (2003)

76) 工藤　拓, 松本裕治：チャンキングの段階適用による日本語係り受け解析, 情報処理学会論文誌, **43**, 6, pp. 1834-1842 (2002)

77) T.Kudo, K.Yamamoto, and Y.Matsumoto：Applying conditional random fields to Japanese morphological analysis, Proc. EMNLP-2004, pp. 230-237 (2004)

78) B.Kühnert and F.Nolan：The origin of coarticulation, In Hardcastle, W., Hawlett, N. (Eds.), Coarticulation：Theory, Data, Techniques, Cambridge University Press, pp. 7-30 (1999)

79) W.Lea：Trends in speech recognition, Prentice Hall (1980)

80) S.Lee, A.Potamanos, and S.Narayanan：Acoustics of children's speech：Developmental changes of temporal and spectral parameters, Journal of the Acoustical Society of America, **105**, 3, pp. 1455-1468 (1999)

81) C.Lee and L.Rabiner：A frame synchronous network search algorithm for connected word recognition, IEEE Trans. ASSP, **37**, 11, pp. 1649-1658 (1989)

82) Y. LeCun and Y. Bengio：Convolutional networks for images, speech, and time-series, The Handbook of Brain Theory and Neural Networks, **3361**, 10 (1995)

83) V.Lesser, R.Fennell, L.Erman, and D.Reddy：Organization of the HEARSAY II

speech understanding system, IEEE Trans. ASSP, **23** 1, pp. 11-24 (1975)

84) Z.-H.Ling, S.-Y.Kang, H.Zen, A.Senior, M.Schuster, X.-J.Qian, H.Meng, and L.Deng：Deep Learning for Acoustic Modeling in Parametric Speech Generation：A systematic review of existing techniques and future trends, IEEE Signal Processing Magazine, **32**, 3, pp. 35-52 (2015)

85) R.Lippmann：Speech recognition by machines and humans, Speech Communication, **22**, 1, pp. 1-15 (1997)

86) Y.Liu, Q.Liu, and S.Lin：Tree-to-string alignment template for statistical machine translation, In Proceedings of the 44th Annual Meeting of the Association for Computational Linguistics (ACL), pp. 609-616 (2006)

87) J.Lööf, M.Bisani, C.Gollan, G.Heigold, B.Hoffmeister, C.Plahl, R.Schlüter, and H. Ney：The 2006 RWTH parliamentary speeches transcription system, In Proc. TC-STARWorkshop on Speech-to-Speech Translation, pp. 133-138 (2006)

88) B.Lowerre：The HARPY speech recognition system, Tech. rep., Carnegie Mellon University (1976)

89) J.Makhoul and R.Schwartz：State of the art in continuous speech recognition, In Roe, D., Wilpon, J. (Eds.), Voice Communication Between Humans and Machines. National Academic Press, pp. 165-198 (1994)

90) J.Markel and A.H. Gray：On Autocorrelation With Application to Speech Analysis, IEEE Trans. AU-21, 69/76 (1973)

91) 益子貴史，徳田恵一，小林隆夫，今井　聖：動的特徴を用いた HMM に基づく音声合成，電子情報通信学会論文誌 D-2，**79**，12，pp. 2184-2190 (1996)

92) 益子貴史，徳田恵一，宮崎　昇，小林隆夫：多空間確率分布 HMM によるピッチパターン生成，電子情報通信学会論文誌 D-2, 83, 7, pp. 1600-1609 (2000)

93) S.Matsuda, T.Jitsuhiro, K.Markov, and S.Nakamura：ATR parallel decoding based speech recognition system robust to noise and speaking styles, IEICE Trans. Inf. & Syst., **89**, 3, pp. 989-997 (2006)

94) S.Mehri, K.Kumar, I.Gulrajani, R.Kumar, S.Jain, J.Sotelo, A.Courville, and Y.Bengio：SampleRNN：an unconditional end-to-end neural audio generation model, Proc. ICLR, pp. 1-11 (2017)

95) N.Morgan and B.Gold：Cepstrum analysis, Lecture Notes of College of Engineering Department of Electrical Engineering and Computer Sciences, University of California Berkeley (1999)

96) R.Moore：Fast and accurate sentence alignment of bilingual corpora, In

conference of the Association for Machine Translation in the America, pp. 135-144 (2002)

97) 中嶌信弥, 浜田　洋：音韻環境に基づくクラスタリングによる規則合成法, 電子情報通信学会論文誌 D-2, **72**, 8, pp. 1174-1179 (1989)

98) A.Newell, J.Barnett, J.Forgie, C.Green, D.Klatt, J.C.R.Licklider, M.Munson, R.Reddy, and W.Woods：Speech understanding systems：Final report of a study group, Tech. rep., Department of Computer Science, Carnegie Mellon University (1971)

99) M.Nagao：A framework of a mechanical translation between Japanese and English by analogy principle, In Proc. International NATO Symposium on Artificial and Human Intelligence, pp. 173-180 (1984)

100) T.Nose, J.Yamagishi, T.Masuko, and T.Kobayashi：A style control technique for HMM-based expressive speech synthesis, IEICE Trans. Inf. and Syst., **90**, 9, pp. 1406-1413 (2007)

101) F.J.Och：Minimum error rate training in statistical machine translation, In Proceedings of the 41st Annual Meeting of the Association for Computational Linguistics pp. 160-167 (2003)

102) P.O'Neill, S.Vaseghi, B.Doherty, W.Tan, and P.McCourt：Multi-phone strings as subword units for speech recognition, In Proc. ICSLP. Sydney, Australia, pp. 2523-2526 (1998)

103) A.v.d.Oord, S.Dieleman, H.Zen, K.Simonyan, O.Vinyals, A.Graves, N.Kalchbrenner, A.Senior, and K.Kavukcuoglu：WaveNet：a generative model for raw audio, arXiv：1609.03499v2, pp. 1-15 (2016)

104) A.Oppenheim and R.Schafer：Digital signal processing, Prentice-Hall (1975)

105) K.Oura, J.Yamagishi, M.Wester, S.King, and K.Tokuda：Analysis of unsupervised cross-lingual speaker adaptation for HMM-based speech synthesis using KLD-based transform mapping, Speech Communication, **54**, 6, pp. 703-714 (2012)

106) D.Pallett：A look at NIST's benchmark ASR tests：past, present, and future, In Proc. ASRU, pp. 483-488 (2003)

107) K.Papineni, S.Roukos, T.Ward, and W.J.Zhu：BLEU：a method for automatic evaluation of machine translation, In Proceedings of the 40th Annual Meeting of the Association for Computational Linguistics (ACL), pp. 311-318 (2002)

108) S.R.Petrick and H.M.Willet：A method of voice communication with a digital computer, In Proc. Eastern Joint Computer Conference, pp. 11-24 (1960)

109) T.Pfau, M.Beham, W.Reichl, and G.Ruske：Creating large subword units for

引 用 ・ 参 考 文 献　　*101*

speech recognition, In Proc. EUROSPEECH, pp. 1191-1194（1997）

110）　J.Pierce and J.Karlin：Reading rates and the information rate of a human channel, In Bell System Technical Journal, 36, pp. 496-516（1957）

111）　Y.Qian, F.K.Soong, and Z.-J.Yan：A unified trajectory tiling approach to high quality speech rendering, IEEE Trans. Audio, Speech, and Lang. Process., **21**, 2, pp. 280-290（2013）

112）　L.Rabiner and B.-H.Juang：Fundamentals of Speech Recognition, Prentice Hall（1993）

113）　D. Rumelhart, G. Hinton, and R. Williams：Learning internal representations by error propagation, In Parallel Distributed Processing, MIT Press, Cambridge, MA.（1986）

114）　S.Russel and P.Norvig：Artificial Intelligence：A Modern Approach, Prentice-Hall Inc.（1995）

115）　匂坂芳典，佐藤大和：日本語単語連鎖のアクセント規則，電子情報通信学会論文誌 D，**66**，7，pp. 849-856（1983）

116）　Y.Sagisaka：Speech synthesis by rule using an optimal selection of non-uniform synthesis units, Proc. ICASSP, pp. 679-682（1988）

117）　匂坂芳典：自然言語処理技術の応用：6. 音声合成における自然言語処理，情報処理，**34**，10，pp. 1281-1286（1993）

118）　匂坂芳典：コーパスベース音声合成技術の動向［I］：コーパスベース音声合成の過去・現在・将来，電子情報通信学会誌，**87**，1，pp. 64-69（2004）

119）　T. Sainath, O. Vinyals, A. Senior, and H. Sak：Convolutional, Long Short-Term Memory, fully connected Deep Neural Networks, in Proc. ICASSP（2015）

120）　Y.Saito, S.Takamichi, and H.Saruwatari：Training algorithm to deceive anti-spoofing verification for DNN-based speech synthesis, Proc. ICASSP, pp. 4900-4904（2017）

121）　H. Sakoe and S. Chiba：A similarity evaluation of speech patterns by dynamic programming（in Japanese）, presented at the Dig. 1970 Nat. Meeting, Inst. Electron. Comm. Eng. Japan, p. 136（1970）

122）　H.Sakoe, and S.Chiba,：A dynamic programming approach to continuous speech recognition, in 1971 Proc. 7th ICA, Paper 20 CI3, Aug. 1971.

123）　H.Sakoe, and S.Chiba：Dynamic Progrmamming Algorithm Optimaization for Spoken Word Recognition, IEEE Transactions on Acoustics, Speech, and Signal Processing, **26**, 1,（1978）

102   3. 自動音声翻訳の構成要素

124) H.Sakoe : Two-level DP-matching—a dynamic programming-based pattern matching algorithm for connected word recognition, IEEE Transactions on Acoustics, Speech, and Signal Processing, **27**, 6, pp. 588-595 (1979)

125) R. Salakhutdinov and G. Hinton : Deep Boltzmann Machines, in Proc. International Conference on Artificial Intelligence and Statistics (2009)

126) R.Scarborough : Coarticulation and the structure of the lexicon, PhD dissertation in Linguistics, University of California at Los Angeles (UCLA) (2004)

127) J.Schürmann : Pattern Classification : A Unified View of Statistical and Neural Approaches, John Wiley and Sons Inc. (1996)

128) E.Scripture : The Elements of Experimental Phonetics, Charles Scribners Sons (1902)

129) M.Seltzer : Sphinx III signal processing front end specification, Tech. rep., CMU Speech Group (1999)

130) P. Smolensky : Information processing in dynamical systems : foundations of harmony theory, MIT Press Cambridge, MA, USA (1986)

131) H.Sorenson : Parameter Estimation : Principles and Problems, **9**, Marcel Dekker (1980)

132) Y.Stylianou, O.Cappé, and E.Moulines : Continuous probabilistic transform for voice conversion, IEEE Trans. Speech and Audio Process., 6, 2, pp. 131-142 (1998)

133) W.Summers, D.Pisoni, R.Bernacki, R.Pedlow, and M.Stokes : Effects of noise on speech production : Acoustic and perceptual analyses, Journal of the Acoustical Society of America 84, 3, pp. 917-928 (1988)

134) I.Sutskever, O.Vinyals, and Q.V.Le : Sequence to sequence learning with neural networks, In Proceedings of the 28th Annual Conference on Neural Information Processing Systems (NIPS), pp. 3104-3112 (2014)

135) S.Takamichi, T.Toda, A.W.Black, G.Neubig, S.Sakti, and S.Nakamura : Post-filters to modify the modulation spectrum for statistical parametric speech synthesis, IEEE / ACM Trans. Audio, Speech and Lang. Process., **24**, 4, pp. 755-767 (2016)

136) R.Takashima, T.Takiguchi, and Y.Ariki : Exemplar-based voice conversion using sparse representation in noisy environments, IEICE Transactions on Fundamentals of Electronics, Communications and Computer Sciences, **96**, 10, pp. 1946-1953 (2013)

137) T.Toda, H.Kawai, M.Tsuzaki, and K.Shikano : An evaluation of cost functions sensitively capturing local degradation of naturalness for segment selection in

引　用　・　参　考　文　献　　*103*

concatenative speech synthesis, Speech Communication, **48**, 1, pp. 45-56 (2006)

138)　T.Toda and K.Tokuda：A Speech parameter generation algorithm considering global variance for HMM-based speech synthesis, IEICE Trans. Inf. and Syst., **90** 5, pp. 816-824 (2007)

139)　T.Toda, A.W.Black, and K.Tokuda：Voice conversion based on maximum-likelihood estimation of spectral parameter trajectory, IEEE Trans. Audio, Speech, Lang. Process., **15**, 8, pp. 2222-2235 (2007)

140)　T.Toda, L.-H.Chen, D.Saito, F.Villavicencio, M.Wester, Z.Wu, and J.Yamagishi：The Voice Conversion Challenge 2016, Proc. INTERSPEECH, pp. 1632-1636 (2016)

141)　徳田恵一，小林隆夫，千葉健司，今井　聖：メル一般化ケプストラム分析による音声のスペクトル推定，電子情報通信学会論文誌 A，**75**, 7, pp. 1124-1134 (1992)

142)　徳田恵一，益子貴史，小林隆夫，今井　聖：動的特徴を用いた HMM からの音声パラメータ生成アルゴリズム，日本音響学会誌，**53**, 3, pp. 192-200 (1997)

143)　徳田恵一，益子貴史，宮崎　昇，小林隆夫：多空間上の確率分布に基づいた HMM，電子情報通信学会論文誌 D，**83**, 7, pp. 1579-1589 (2000)

144)　徳田恵一，A.Black：音声合成研究も協調と競争の時代に ―The Blizzard Challenge―，日本音響学会誌，**62**, 6, pp. 466-472 (2006)

145)　K.Tokuda, Y.Nankaku, T.Toda, H.Zen, J.Yamagishi, and K.Oura：Speech synthesis based on hidden Markov models, Proceedings of the IEEE, **101**, 5, pp. 1234-1252 (2013)

146)　M. Tomáš, K. Martin, B. Lukáš, Č. Jan, and K. Sanjeev：Recurrent neural network based language model, In Proc. INTERSPEECH (2010)

147)　R.Turn：The use of speech for man-computer communication, Tech. Rep. RAND Report-1386-ARPA, RAND Corp. (1974)

148)　T.K. Vintsyuk：Speech discrimination by dynamic programming. Kibernetika, **4**, 1, pp. 81-88, (1968)

149)　A. Waibel, T. Hanazawa, G. Hinton K.Shikan, and K.J.Lang：Phoneme Recognition Using Time-Delay Neural Networks, IEEE Transactions on Acoustics, Speech and Signal Processing, **37**, 3, pp. 328-339 (1989)

150)　M.Weintraub, K.Taussig, K.Hunicke-Smith, and A.Snodgrass：Effect of speaking style on LVCSR performance, In Proc. ICSLP, **96**, pp. 16-19 (1996)

151)　P.West：Long distance coarticulatory effects of British English /l/ and /r/：An EMA, EPG and acoustic study, In 5th Seminar on Speech Production：Model and

Data, pp. 105-108 (2000)

152) J.Wilpon：A study on effects of telephone transmission noise on speaker-independent recognition, In Lea, W. (Ed.), Towards Robustness in Speech Recognition, Speech Science Publications, pp. 190-206 (1989)

153) J.Wilpon and L.Rabiner：Applications of voice-processing technology in telecommunications, In Roe, D., Wilpon, J. (Eds.), Voice Communication Between Humans and Machines, National Academic Press, pp. 280-310 (1994)

154) J.Wolf and W.Woods：The HWIM speech understanding system, In Proc. ICASSP, **2**, pp. 784-787 (1977)

155) F.Xia and M.McCord：Improving a statistical MT system with automatically learned rewrite patterns, In Proceedings of the 20th International Conference on Computational Linguistics (COLING) (2004)

156) J.Yamagishi and T.Kobayashi：Average-voice-based speech synthesis using HSMM-based speaker adaptation and adaptive training, IEICE Trans. Inf. and Syst. **90**, 2, pp. 533-543 (2007)

157) 山岸順一，C.Veaux, S.King, S.Renals：音声の障害患者のための音声合成技術 —Voice banking and reconstruction, 日本音響学会誌，**67**, 12, pp. 587-592 (2011)

158) T.Yoshimura, K.Tokuda, T.Masuko, T.Kobayashi, and T.Kitamura：Speaker interpolation for HMM-based speech synthesis system, Acoustical Science and Technology, **21**, 4, pp. 199-206 (2000)

159) 吉村貴克，徳田恵一，益子貴史，小林隆夫，北村　正：HMM に基づく音声合成におけるスペクトル・ピッチ・継続長の同時モデル化，電子情報通信学会論文誌 D，**83**, 11, pp. 2099-2107 (2000)

160) H.Zen, T.Toda, M.Nakamura, and K.Tokuda：Details of the Nitech HMM-based speech synthesis system for the Blizzard Challenge 2005, IEICE Trans. Inf. and Syst., **90**, 1, pp. 325-333 (2007)

161) H.Zen, K.Tokuda, T.Masuko, T.Kobayashi, and T.Kitamura：Hidden semi-Markov model based speech synthesis system, IEICE Trans. Inf. Syst., **90**, 5, pp. 825-834 (2007)

162) H.Zen, K.Tokuda, and A.W.Black：Statistical parametric speech synthesis, Speech Communication, **51**, 11, pp. 1039-1064 (2009)

163) H.Zen, A.Senior, and M.Schuster：Statistical parametric speech synthesis using deep neural networks, Proc. ICASSP, pp. 7962-7966 (2013)

第4章
音声翻訳の研究
プロジェクトとシステム

4.1 ATR と NICT プロジェクト

4.1.1 ATR プロジェクト

1986 年に世界に先駆けて国のプロジェクトとして ATR 内の株式会社エイ・ティ・アール自動翻訳電話研究所において研究が開始された。発足当時は大阪京橋のツインタワーに位置したこともあり，多くの海外からの訪問者に恵まれた（1989 年より関西文化学術研究都市の本研究所に移動）。研究予算は基盤技術促進センターからの研究開発会社への研究投資が行われ，実質的に約 7 年間の有限のプロジェクトという形として研究開発が行われた。音声翻訳に関わる研究もこの制度により 2000 年まで研究が実施された。同研究所における研究者は NTT を始めとする出資企業の出向者で構成されており，寄り合い所帯の研究所ではあったが，それぞれ異なるバックグラウンドを持つ気鋭の研究者が集まり多くの新しい成果を出した。出向者は基本的には平均的には 3 年，最長でプロジェクトの最後まで滞在し研究開発を推進した。2001 年からは基盤技術促進センターに代わり通信放送機構（現在の情報通信研究機構）による委託研究という形式に変わったが，ATR における自動音声翻訳に関わる研究プロジェクトは，大きく 3 期に分かれる。第一期の 1986 年 4 月から 1993 年 3 月，第二期の 1993 年 4 月から 2000 年 3 月，第三期の 2000 年 4 月から 2008 年 3 月

106   4. 音声翻訳の研究プロジェクトとシステム

である†。

〔1〕 **第一期**：(1986 ～ 1993 年)　　基盤技術促進センターのサポートのも
と産官の協力で，株式会社エイ・ティ・アール自動翻訳電話研究所が設立され
た。自動翻訳電話のための要素技術の確立を目標に基礎技術研究を行った。

音声翻訳の対象として国際会議の申し込みの会話を対象とした。研究内容と
しては，① 音声認識については，文節に区切って発話した音声を，音素を単
位に，統計モデルに基づいて認識する隠れマルコフモデル（HMM）とNグラ
ムによる単語の連接をモデル化する音声認識法や，音声認識と言語処理を統合
したLRパーザ（left-to-right parser）に基づく高速アルゴリズムの研究，不
特定話者に向けた話者適応の研究を進めた。また，不特定話者音声認識の研究
に向けた大規模な音声コーパスの収集を開始した。② 機械翻訳の研究として
は，話し言葉会話文の翻訳を目指して，文法的に不完全な文や会話に特有な表
現を処理する主辞駆動句構造文法（head driven phrase structure grammar,
HPSG）に基づく翻訳方式を研究した。また，対話構造のモデルか，焦点・主
題の認識，対話目標との関係の把握など非常に基礎的でありながら，挑戦的な
研究が行われた。加えて，言語の用例を大規模に集めたテキストデータベー
ス，会話文に適した辞書データベースの設計を進めた。③ 音声合成について
は，明瞭性や自然性が高く，高品質で任意の会話音声を出力する規則音声合
成，および話者の特徴を適切に抽出し音声合成における出力音声の声質を入力
話者に変換する声質制御技術の研究が始まった[18]。さらに，1993 年 1 月には，
これらの技術を統合し，日英独音声言語翻訳実験システム SL-TRANS（spoken
language translation system）を構築し，音声翻訳国際共同コンソーシアム
C-STAR のメンバーであるアメリカのカーネギーメロン大学，ドイツのカール
スルーエ大学と N-ISDN2 によるテレビ会議回線を使って接続し，国際音声翻
訳実験を行った[19]。この実験は世界的に大きな注目を浴び，ニューヨークタイ
ムズなどでも報道された。

---

†　民間基盤促進制度の適用は 2006 年 3 月まで。その後は，情報通信研究機構にて継承。

4.1 ATR と NICT プロジェクト

第一期のプロジェクトで研究開発された代表的な技術について述べる。

（1）音声認識システム：ATREUS　ATREUS[24),25)]は，第一期に研究された音声翻訳のための不特定話者連続音声認識技術の集合体である。音響モデルとしてベクトル量子化に基づく離散 HMM，連続分布 HMM，逐次状態分割による隠れマルコフネットワークモデル，時間遅れニューラルネットワーク，ファジィベクトル量子化による離散 HMM が研究開発された。特にファジィベクトル量子化による離散 HMM では，話者適応の研究が行われた。1 000 単語の音声認識において，80 % 程度の単語正解率が得られていることがわかる。当時，アメリカ国防総省の DARPA（Defence Advanced Research Project Agency）プロジェクトで CMU が 1 000 単語の音声認識システム SPHINX を研究開発しており，追随する形で多くの研究が行われた。

（2）逐次状態分割による音響モデル：SSS　このモデルでは，3 状態の left-right 一方向の 3 状態の音素モデルを仮定せずに図 4.1 にあるように，一状態から開始し，分布の大きさを決めた後（図 4.2 の例では分割対象状態を二つの正規分布で表現），その二つの分布をコンテキスト（音素文脈）方向か，時間方向に分割し（図 4.3，図 4.4），学習データへの尤度が高くなるように分割する。また，共通の状態は共有することで，全体として状態ネットワークとして表現する方法である（図 4.5）[38)]。

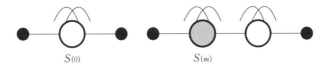

図 4.1　初期モデルの学習[38)]　　図 4.2　分布の大きさの計算[38)]

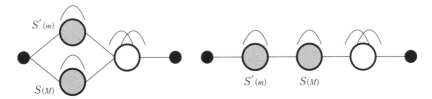

図 4.3　コンテキスト方向への状態分割[38)]　　図 4.4　時間方向への状態分割[38)]

4. 音声翻訳の研究プロジェクトとシステム

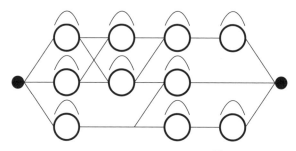

図 4.5 表現される分布の変化[38]

（3） **時間遅れニューラルネットワーク：TDNN（time delay neural network）**　1986 年に前向き微分可能な非線形素子を用いたニューラルネットとその誤差逆伝搬法による学習方法が提案され，音声認識にも適用されるよ

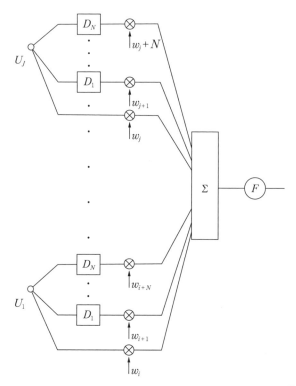

図 4.6 時間遅れニューラルネットワーク（TDNN）のユニット[40]

4.1 ATR と NICT プロジェクト

うになった．しかし，時間方向の特徴を捉えることが課題であった．これに対し，Waibel ら[40]は，ATR において，時間遅れニューラルネットワークを提案し時間たたみこみ機能を含んだニューラルネット音声認識方法を初めて提案した．現在のたたみこみニューラルネットワーク（CNN）の原型である．

図 4.6 は，時間遅れの実現法を示し，N 時刻までの以前のデータを保存し，重みを掛けて入力全体の総和をとる．これはリカレントニューラルネットにほかならない．また，図 4.7 はたたみこみを含んだ全体のネットワークの構造

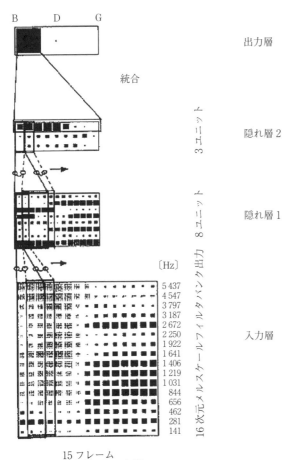

図 4.7　TDNN の構成[40]

を示す．10 ms 単位の 15 フレーム分の 16 次元メルスケールフィルタバンクの出力をニューラルネットの入力とし，隠れ層 1 でたたみこみを行い，さらに隠れ層 2 で時間全体のプーリングを行うことで，子音 /b,d,g/ の識別を試みている．

（4） **HMM-LR**　TR では，初期の段階から音声認識と言語処理の統合が図られた．HMM に基づく音声認識により得られた音素列に対し，文脈依存文法（LR 文法）に基づく統計的 LR 構文解析を行うことで，LR 文法で複数の音素を予測しながら音声認識を行うことを可能にした（**図 4.8**）[8),16)]．また，LR 文法の適用に関してもルールの三つ組モデル（trigram）モデルを用いることで不自然なルールが適用されることを避けている[17)]．この手法には LR 文法を人手で記述する課題があったが，音声認識と言語処理を統合する画期的な方法であった[24)]．

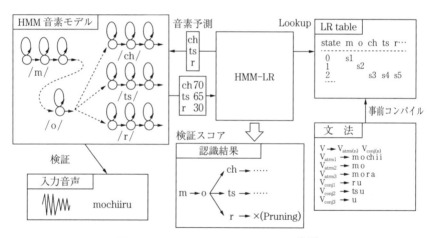

図 4.8　HMM-LR 連続音声認識システム[8),16)]

（5）　**対話翻訳システム：NADINE**　書き言葉と異なり，対話における言語的用法としては，文末に現れる発話意図に関わる表現「お聞かせ願えますか」，旧情報や前提や主語の省略表現，また，社会習慣上の表現「よろしくお願いします」等が出現し通常の機械翻訳ではうまく訳せない．そこで，単一化

操作に基づく語彙主導型の文法を用いて，構文的な情報から意味および言語運用までを組成構造として統一的に扱うことが試みられた．

図4.9にこのシステム（NADINE）の構成を示す．構文解析は素性構造伝搬パーザ（TFSPパーザ）を用い，構造の候補のラティスを生成し，アクティブチャート解析法でラティスを解析する．文法としては，HPSGの素性を用いて文法を記述した．発話は断片であることが多いため，発話から発話意図を抽出し，命題論理の構造に変換し，書き換え規則を用いて目的言語に翻訳する[12]．

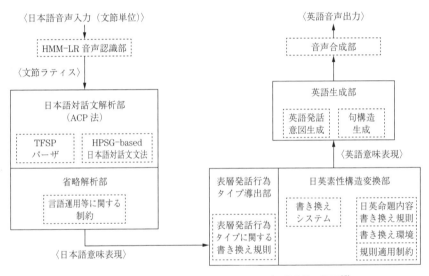

図4.9 対話翻訳実験システムNADINEの処理過程の概要[12]

（6）**可変長素片接続型音声合成：v-Talk**　1988年当時は，音素や音節などを素片として接続を行うことで任意の音声を合成する音声合成手法が主流であった．しかし，これでは，接続における歪みと，前後の音声の文脈の影響を受けて音質が十分でなかった．

そこで，**図4.10**，および**図4.11**に示されるv-Talkが提案された[30),31)]．このシステムでは，大量の単語，音素バランス文をあらかじめ準備し，入力テキストに合致する，より長い音素列を素片とし，また，韻律が近い音素列を接続することでより自然な音声合成を実現した．素片の探索スペースが膨大になる

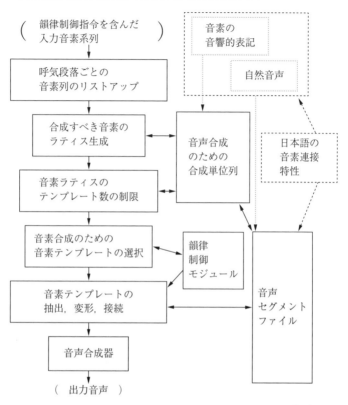

図 4.10 非一様な合成単位を用いた音声合成方式の概要[30),31)]

ため,あらかじめソートする,音素テンプレート数の制約などを加えている。

〔2〕 **第二期**:(1993〜2000年)　株式会社エイ・ティ・アール自動音声翻訳電話研究所が終了し,その成果を受けて,第二期の音声翻訳プロジェクトが株式会社エイ・ティ・アール自動音声翻訳通信研究所として開始された。音声翻訳の対象に旅行予約に拡張され,より自然な話し言葉を対象とした音声翻訳の要素技術研究を目指した。第二期では第一期で収集を開始した大規模音声・言語コーパスを利用することが可能となった。研究成果はつぎのようにまとめられている。① 音声認識の研究としては,HMM-LR から,大規模音声・言語コーパスを用いた HMM-N グラムによる性能改善,自然音声の認識,語順の自由度や間投詞への対処,固有名詞などの音声認識の先駆的研究を行った。

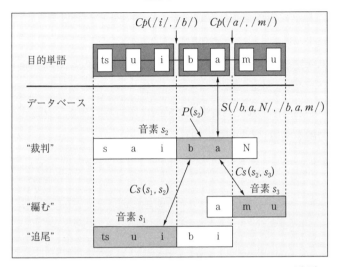

図 4.11 v-Talk テキスト音声合成システムにおける素片合成[30),31)]

② 機械翻訳については，大量の対訳用例（対訳コーパス）による用例主導翻訳を導入した．特に文法的に誤った表現や断片的な表現が含まれる話し言葉を翻訳可能とする技術を研究し，数単語から成る表現パターンを翻訳単位として，漸進的に訳文を生成する変換主導翻訳（TDMT）を実現した．また，対話翻訳への適用性を高めるため，主語補完や部分翻訳等の技術を実現した．旅行会話の模擬対話例に基づき表現パターンの収集，整備を行い，多言語の話し言葉翻訳の実現可能性を実証した．③ 音声合成については，より自然な音声合成を目指して，波形素片接続の音声合成システム（CHATR）を開発し，元発話者の個人性まで高品質に保持する音声合成技術を開発した．1988 年に各要素技術を統合し，旅行予約に関する対話を対象に，語彙数 1 万語を超える日英双方向音声翻訳システム（ATR-MATRIX）を開発し，さまざまな観点から音声翻訳技術の評価を進めた．その結果，旅行予約に関する対話については実時間で音声翻訳可能であり，5 段階の主観評価でも 3.8 点と，「少し不満が残るが用件を満たすことができる」という評価を得る段階に達した．さらに，さまざまな英語運用能力を有する日本人と音声翻訳結果の質を一対比較した結果，

現在の音声翻訳技術の翻訳は，TOEIC スコア 500 点台の日本人による話し言葉の翻訳結果に匹敵することが判明した．

(1) **音声認識システム：SPREC**　音声認識システムでは逐次状態分割をベースに，多数話者の音声データから音響モデルを木構造クラスタリングすることで，話者適応でなく話者選択を動的に進めることで，少量データで高精度な音声認識を実現した[41]（図 4.12）．

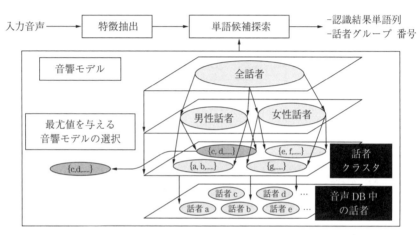

図 4.12　木構造話者クラスタリングによる不特定話者音声認識[41]

また，言語モデルには，単語クラス，単語，高頻度単語連接の複合モデルである，多重クラス複合 N グラム言語モデルを用いた[42]（図 4.13）．具体的には，前方と後方の連接特性を独立した二重の単語クラス設定し，これらの組合せに

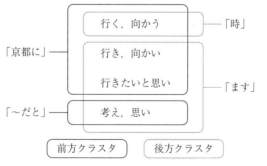

図 4.13　多重クラス複合 N グラム言語モデル[42]

よる言語モデルを構築することで，通常のNグラムモデル規模の10％，単語誤認識率は半分に削減した．

（2） **変換主導翻訳：TDMT**　　話し言葉は，書き言葉の文法からは大きくずれるため従来の翻訳手法ではうまく翻訳できない．統計翻訳[3]や用例ベース機械翻訳[26),33),36)]の影響を受けて，用例ベース翻訳をもとに変換（トランスファー）主導の機械翻訳システムを構築した（図 4.14）．この方法におけるポイントは，文脈処理を考慮する部分，用例間の距離を計算する部分であり，表記揺れや上位語の現象にシソーラスを用いて対処している点である．

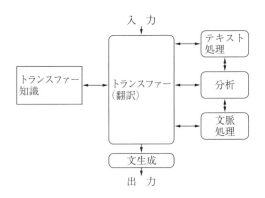

図 4.14　TDMT の構成

この手法では，話し言葉による文字，パターン，文法レベルの変換規則をそれぞれのレベルのマッチングを用いて抽出し適用している．

（3） **音声合成プラットフォーム：CHATR**　　音声翻訳における音声合成の入力はプレインテキストではなく，読みやアクセントなど，他の情報のアノテーションが入力されることを想定する必要がある．このような多様なレベルの入力に対して柔軟に音声合成を行うプラットフォームとして CHATR というシステムが構築された（図 4.15）．機械翻訳で得られた構文構造，意味構造を受け，音声合成を行う仕組みとなっている[2)]．

（4） **多言語音声翻訳システム ATR-MATRIX**　　2000 年までの第二期の音声翻訳プロジェクトである株式会社エイ・ティ・アール自動翻訳通信研究所

4. 音声翻訳の研究プロジェクトとシステム

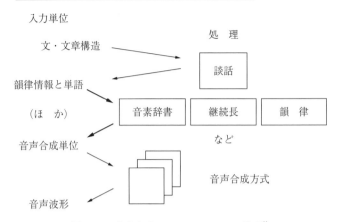

図 4.15　音声合成システム CHATR の構成[2]

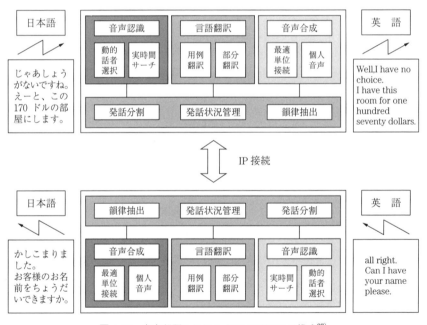

図 4.16　音声翻訳システム ATR-MATRIX の構成[37]

にて行われた研究を統合したシステムが ATR-MATRIX である（図 4.16）。逐次状態分割法を利用して最適な話者のモデルを選択しながら認識を行う音声認識部，変換主導翻訳と部分翻訳により対話音声翻訳を行う言語翻訳部，そして

可変長単位を用いて個人音声を高精度に合成する音声合成部からなる．また，音声翻訳システムの旅行者とホテルのフロント係の対話を模擬した対話実験による評価が行われた．音声認識の単語正解率は 88.1％，変換主導翻訳の翻訳率は 85.1％，音声認識＋変換主導翻訳の翻訳率は 77.0％であった．また，人間との比較による TOEIC 換算値による評価（4.1.1 項〔2〕（5）を参照）では，テキスト入力の変換主導翻訳では TOEIC707 点，音声認識＋変換主導翻訳で 548 であったことが報告されている[37]．

（5） **TOEIC 音声翻訳評価法**　音声翻訳システムの総合的な性能尺度で，精度の高い主観評価方法の一つとして菅谷らにより提案されたのが翻訳一対比較法である[35]．翻訳一対比較法では，評価対象のタスクドメインで試験問題を音声データで用意し，人間の音声翻訳結果と機械の音声翻訳結果を一対で評価者が比較する．一対比較法は，「各対について大小の判定を行えばよいので，評定そのものが他の方法に比べて著しく容易であり，したがって信頼度の高いデータを得ることができる優れた方法である」と言われる．図 4.17 に処理の流れを示す．日本語母語の被験者に日本語の問題（文）を見せ，英語に翻訳して貰う．問題は 30 秒程度のセットを 2 回聞かせて翻訳してもらう．テスト問題は ATR で収集したバイリンガル旅行会話データのうちの 23 対話（330 文）

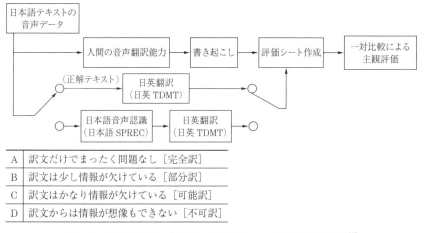

図 4.17　TOEIC を用いた翻訳一対比較法による音声翻訳の評価[35]

4. 音声翻訳の研究プロジェクトとシステム

である。

被験者の答案を書き起こして人間の翻訳結果とし，言語翻訳部単体または音声認識部と言語翻訳部を組み合わせた音声翻訳システムの翻訳結果と比較する。これらの比較対象の翻訳結果から評価シートを作成し一対比較で主観評価する。

評価シートは日本語のできる英語ネイティブの評価者が採点するが，比較対象の二つの翻訳結果は評価者が判別できないように乱数で順序を入れ換えている。

英語ネイティブは 23 対話の音声に対する翻訳文を評価する。評価者は表にある基準に基づいて A, B, C, D ランク評価を行う。同一ランクなら自然性を考慮し優劣を判別することとし，優劣がつかないものは同等として扱っている。日本語ネイティブの英語能力の尺度は受験者の英語能力が広く分布し，受験者数が多い TOEIC を用いた。被験者は評価実験の実施日の 6 ヶ月以内に TOEIC 試験を受験している。言語翻訳部（TDMT）と人間能力との比較結果を図 4.18 に示す。

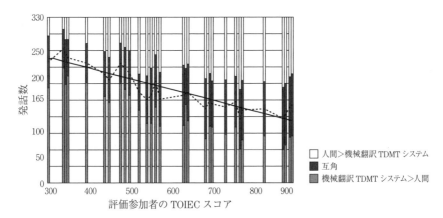

図 4.18 機械翻訳システム TDMT と人間のテキスト翻訳の比較[35]

人間の翻訳解答者の人数は TOEIC スコアが 300 点から 900 点まで，100 点台ごとに 5 名で計 30 名であった。被験者は 100 点台ごとの人数制限のほかは，

TOEICスコアを指定することなく募集したが，895点の被験者以外はすべて異なるスコアとなっていた．図の横軸は被験者のTOEICスコアであり，各TOEICスコアに対応する縦の棒は被験者1名に対する評価結果である．グラフ中の棒は三つの領域からなっており，縦軸の0から，全テストセットの問題文330文に対して，TDMTが人間を上回る，TDMTと人間が同等，人間がTDMTを上回ると判断された文の数を示している．それぞればらつきがあるので，回帰分析を行った結果，TOEICスコア708点が能力均衡点となっていることがわかった．つまり，TDMTの能力はTOEICスコア708点の日本語ネイティブの音声翻訳能力に相当することがわかった．図4.19に音声認識結果を機械翻訳した場合の結果を示す．この場合の両者の能力が均衡するTOEIC換算点は548点で，音声認識を接続することによりTOEIC均衡値が160点低下していることがわかった．この評価法は人間の能力との比較という意味でわかりやすいが，対象を旅行会話に絞っている点，TOEICテストがリーディングとリスニングにより構成されているため，スピーキングや作文の能力などを測っていない点で，本来の英語能力の比較ではないことに留意する必要がある．

〔3〕 第三期前半：(2000〜2005年)　　株式会社エイ・ティ・アール自動

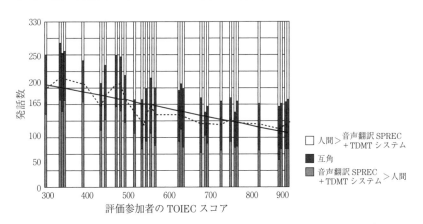

図 4.19 音声翻訳システム（SPREC＋TDMT）と人間の音声翻訳の比較[35]

120   4. 音声翻訳の研究プロジェクトとシステム

音声翻訳通信研究所が終了し，その成果を受けて，第三期の音声翻訳プロジェクトが株式会社音声言語通信研究所として開始された。音声翻訳の対象は，日英だけでなく，中国語を含むさらなる多言語に対応し，自然な発話の実旅行会話の対話音声を対象とした音声翻訳システムの研究開発を目指した。実際には，基盤技術促進センターの終了に伴い株式会社音声言語通信研究所は2001年に終了し，株式会社国際電気通信基礎技術研究所内に設置された音声言語コミュニケーション研究所で，2001年より放送通信機構から5年間の委託研究として第三期の音声翻訳研究プロジェクトが実施された。

　研究成果はつぎのようにまとめられる。① 音声認識の研究としては，実際の環境での利用を目指し，雑音，発話スタイルに頑健で，小型 8ch のマイクロフォンアレーと非定常雑音抑圧フィルタによる雑音抑圧，話者分離，画像などのモダリティの利用により，接話マイクのいらない頑健な多言語（日本語，英語，中国語）音声認識技術，不適切な発話を棄却する技術開発をした。音声認識の研究で著名なアメリカの国防総省（DARPA）のプロジェクトの騒音下英語音声認識評価プロジェクト（speech recognition in noisy environment, SPINE）にも2年続けて挑戦した。② 機械翻訳の研究としては，日英 100 万文対，日中 50 万文対の対訳コーパスを構築するとともに，これらのコーパスに基づき，マルチエンジン機械翻訳システムを構築した。翻訳エンジンとしては，ATR が従来から取り組んできた用例翻訳エンジンに加え，統計翻訳技術をいち早く導入することにより日中・日英の統計翻訳エンジンを構築した。特に，統計翻訳技術については，統計的フレーズベース機械翻訳（statistical phrase-based machine translation, SMT）に注力し，旅行案内におけるくだけた表現などへの対処，新たな言語（中国語）への対処などを実現した。③ 音声合成の研究としては，波形合成に基づくコーパスベース音声合成システム v-talk，CHATR をさらに発展させ，大規模コーパスを構築し，確率モデルに基づく音声合成で行った後，最も類似した波形素片を探索して接続するコーパスベース音声合成システム（XIMERA）を，日本語，英語，中国語に対して構築した。

4.1 ATR と NICT プロジェクト

　また，要素技術を統合して音声翻訳としての総合性能を向上させる技術として，音声認識結果の信頼性に基づいて音声翻訳処理を制御する技術や複数の音声認識候補を使って翻訳する技術，さらに，システム全体の実験・評価などの研究を精力的に行った。この研究開発の結果，日英 100 万文，日中 50 万文の対訳コーパスの完成，マルチエンジン型コーパスベース音声翻訳により，日英では TOEIC スコア 650 点と同等の翻訳性能を達成するに至り，音声翻訳技術は飛躍的に進歩した。京都における実証実験での利用者アンケートでは，「ほとんど通じた」が約 70 ％を超えた[28]。

（1）　耐雑音連続音声認識システム：ATRASR　　第三期のプロジェクトでは，実環境での音声翻訳の利用を目指し，実環境下の雑音や残響，複数話者の音声認識を目指した。そのため，複数マイクロフォンによるビームフォーミング[9]や言語別，性別，SNR 別，発話スタイル別の音響モデルを並列に認識し，それらの結果を統合する音声認識システムを開発した（**図 4.20**）[21]。また，HMM とベイジアンネットワークを統合し，音響モデルにおける状態依存

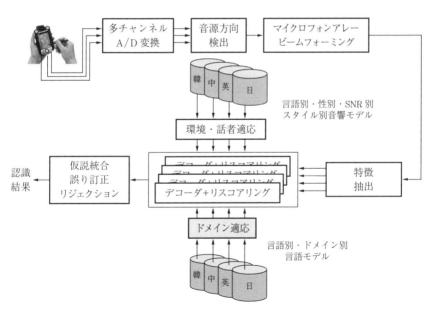

図 4.20　実環境音声認識システム ATRASR[21]

関係を一般化したモデルの研究も行った[32]。

（2） **DARPA SPINE プロジェクト**　1990 年代後半から 2000 年代にかけての音声認識の研究開発はアメリカの国防総省の DARPA が主導した。このプロジェクトでは，LDC（Linguistic Data Consortium）が評価に必要なデータ，コーパスを収集し，同一のデータに対して参加者が性能競争を行う。評価は，NIST（National Institute of Standardization Technology）が行う。日本からは初めて，雑音下音声認識のトラックに ATR から研究チーム参加した。雑音はオフィス，航空機内，市街地，車内，ヘリコプター内，戦車内，戦闘機内などであり，信号の信号対雑音比は 5 〜 20 dB であった。音声は平均 4 秒の対話音声である。ATR, AT&T, CMU, IBM, OHSU-OGI,OGI, Mississippi State（ISIP）/ MITRE, SRI, Univ. of CO, Boulder, University of Washington の 10 機関であった。オフラインの処理が許されていたこともあり，2 回の話者適応，仮説統合を行い性能を挙げたが，それでも単語誤り率は 40 ％程度であった[20]（図 4.21）。

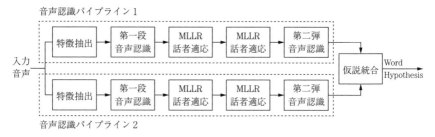

図 4.21　ATR の DARPA SPINE 用音声認識システム[20]

（3） **統合機械翻訳 C-cube**　2001 年からのプロジェクトでは，それまでの変換主導方式に加えて，統計的機械翻訳方式を統合した機械翻訳システムを構築した。統計翻訳のための言語資源は旅行会話日英 100 万文，日中 50 万文を基本とし，さらに新聞などの対訳コーパスを利用している。翻訳実行時のブロック図を図 4.22 に示す。翻訳システムは，文レベルの用例ベース機械翻訳 D-cube システム，フレーズベースの用例ベース機械翻訳 HPAT，そして，単語ベースの統計翻訳 SAT から構成され，それらの結果が選択モジュールで選

4.1 ATR と NICT プロジェクト

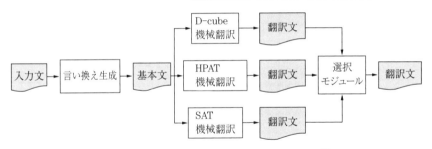

図 4.22 C-cube 機械翻訳システムのブロック図[28]

ばれる構成となっている。

また，**表 4.1** と **表 4.2** にそれぞれ，テキスト入力と音声認識 N-best 結果を入力とした場合の，主観評価値を示す。ここで，A は優良，B は良，C はなんとか通じる，であり，MAD コーパスは関西国際空港で旅行者を対象に旅行対話を収録した実使用に近いテストデータである。音声認識結果の入力により 6 ポイントほど劣化していることがわかるが，半分以上の結果が内容が伝わるものとなったことがわかる[15),28)]。

表 4.1 四つの機械翻訳システムの MAD コーパスに対する性能[15]

	SAT	HPAT	D-cube	選択モジュール
A	33.4661	21.5139	31.4741	36.0558
AB	46.8127	40.8367	44.6215	50.1992
ABC	56.7729	60.5578	55.7769	60.9562

表 4.2 四つの機械翻訳システムの MAD コーパスの音声認識結果に対する翻訳性能[15]

	SAT	HPAT	D-cube	選択モジュール
A	29.8805	18.1275	27.8884	30.4781
AB	41.4343	35.8566	37.6494	41.8327
ABC	51.7928	52.3904	49.2032	53.9841

（4） 統計的手法と素片合成を統合した音声合成：XIMERA　第三期の音声合成は，統計的音声合成システムを考慮しつつ，素片合成の品質を確保するため，大量の音声コーパスと HMM 音声合成による韻律パラメータを用いて，音声データベースから素片コストが大きくなる素片を可変長で探索し，接続コストが小さくなるように接続するシステムを構築した（**図 4.23**）。

大量の音声コーパスが必要となるものの非常に高い音声明瞭性と自然性を同時に実現した。**図 4.24** に CHATR を含む当時の音声合成との自然性比較を示す[28]。

124   4. 音声翻訳の研究プロジェクトとシステム

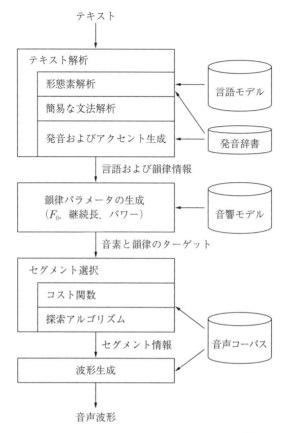

図 4.23 素片接合型音声合成システム XIMERA[28]

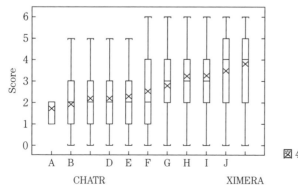

図 4.24 当時の音声合成との自然性比較[28]

〔4〕 第三期後半：(2006 〜 2007 年)　ATR の音声言語コミュニケーション研究所での通信放送機構からの受託研究プロジェクトが終了したが，2006年から音声言語コミュニケーション研究所で，文部科学省科学技術振興調整費アジア科学技術協力の戦略的推進プログラムによりアジア6言語の音声翻訳に拡張する試みが実施された。詳細については，以下に述べる。このプロジェクトが国際行動研究基盤の構築と音声翻訳モジュール接続のための国際標準化の基礎となった。また，この時期に分散型音声認識の研究開発を進め，2007年に株式会社国際電気通信基礎技術研究所と株式会社フュートレックにより設立された株式会社 ATR-Trek より，株式会社 NTT ドコモから販売されるすべての携帯電話にプリインストールされる形でクラウド型の商用音声翻訳サービス「しゃべって翻訳」が世界で初めて開始された（図 4.25）。携帯電話端末で雑音抑圧，特徴抽出，圧縮・符号化のフロントエンド処理を実行し，サーバで音声認識，翻訳，合成して出力を携帯電話にフィードバックすることによる携帯電話における音声翻訳を実現した。

図 4.25　携帯電話用の商用音声翻訳サービス

（1）　**アジア音声翻訳コンソーシアム：A-STAR**　2006年から3年間，文部科学省科学技術振興調整費の支援によりアジア音声翻訳コンソーシアム：A-STAR を設立した。A-STAR では，アジア8ヶ国・8言語間（日本語，中国語，韓国語，インドネシア語，タイ語，ヒンドゥ語，ベトナム語，マレー語）で，分散する音声認識，機械翻訳，音声合成サーバを，インターネットを介し

4. 音声翻訳の研究プロジェクトとシステム

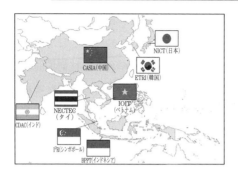

図 4.26 アジア音声翻訳コンソーシアム（A-STAR）

て接続し音声翻訳サービスを行う。音声翻訳サービスでは，多言語対訳コーパスの構築，基礎研究，指導，接続プロトコルの開発，音声翻訳実験が行われた[27]（図 4.26）。

（2）**分散型音声認識とネットワーク音声翻訳**　2000 年頃の携帯電話は，サンプリング周波数が電話帯域の 8 kHz であり，携帯電話の処理能力，メモリサイズもきわめて小さかったため，音声認識ソフトウェア，機械翻訳ソフトウェアを携帯電話に入れることは困難であった。携帯電話自体は爆発的に普及していたため，音声認識をはじめとする音声インタフェースの必要性は非常に高まっていた。そこで，欧州を中心として，携帯電話で雑音抑圧，特徴抽出，符号化を行って圧縮した後，通信路に送り，サーバで認識の探索処理を行って結果を端末に返すという，分散型音声認識とそのための標準化案[4]，およびその枠組みでの性能評価の枠組みである AURORA プロジェクト[10] が進められた。この処理系では，音声通信でなく，音声認識に必要な特徴抽出，符号化に特化しているため音声符号化に比べて低いビットレートで通信できる。これに呼応して，情報処理学会の音声言語情報処理研究会の中のワーキンググループ（WG）を中心に AURORA-J（CENSREC）プロジェクトが進められた[27]。ETSI の標準化案における分散型音声翻訳の音声認識部の構造を図 4.27 に示す。携帯電話側（フロントエンド）において，雑音抑圧および音響分析，ETSI ES 202 050 に準拠した符号化が行われ，bit-stream データのみが音声認識サーバに送信される。音声認識サーバ側（バックエンド）では，受信した bit-stream

を展開し，音声認識および単語信頼度の計算処理が行われる．このようなシステム構造を採用することの利点は，携帯電話の情報処理能力の限界に縛られず，大規模かつ精密な音響モデルや言語モデルが利用可能な点が挙げられる．これらのおのおののモデルは携帯電話ではなくサーバ側に存在するため，更新作業が容易であり，つねに最新の状態が維持可能である．株式会社 ATR-Trek から 2007 年に株式会社 NTT ドコモの携帯電話で商用リリースされたネットワーク音声翻訳のサービス「しゃべって翻訳」は，この分散型音声認識をベースに実装された．

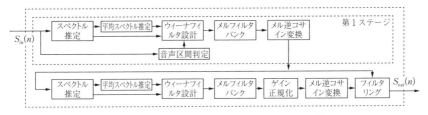

図 4.27 分散型音声認識の端末処理ブロック図[10]

4.1.2 NICT プロジェクト

〔1〕**国内音声翻訳実証実験** 音声翻訳の実際の利用における性能調査と評価，課題の抽出を目的に，2009 年に総務省の委託研究として全国 5 地方での音声翻訳実証実験が行われた．期間中に収集された発話は，日本語約 6 万文，英語約 1 万 7 千文，中国語約 1 万 5 千文で，人手による書き起こし，音響，言語モデルの両方について実データ学習による評価が行われた[13),14)]．音声翻訳の出力文の主観評価値として，S：ネイティブ並み，A：申し分ない，B：まずまず，C：許容範囲，D：意味不明，の 5 段階で主観評価した際の S～C の比率では，全国共通のシステムに比べ，固有名詞・固有表現を追加した場合と実データによるモデル更新を行った場合で，日英で 42％だった性能が 45％および 55％に，日中で 52％だった性能が 55％および 65％に改善した．地域に応じた固有名詞，固有表現の追加と，実際の設置場所，応用システム形態での実

データによる音声認識，機械翻訳のモデルの改良が性能改善を実現していることがわかる。

〔2〕 **社会還元加速プロジェクト** 2008年から，内閣府社会還元加速プロジェクト「言語の壁を越える音声コミュニケーション」プロジェクトがNICTで開始された。5年計画で，音声翻訳技術を社会実装するための種々の研究開発と北京，ロンドンオリンピックなどでの実証実験を通して，研究開発を進めた。2010年には，スマートフォンで音声翻訳サービスを試験的に実施し，発話や音声翻訳結果のログの収集を行った（**図4.28**）。松田らはVoiceTraにより収集された実データを用い，音声認識の発話単位の信頼度により教師なし学習を行うことにより，約10万発話を利用することで音声認識の単語誤りが30.5％から27.5％に低減でき，さらに実データの増加とともに単語誤り率が低減することを報告している[22),23)]（**図4.29**）。

図4.28 スマートフォンによる音声翻訳サービス

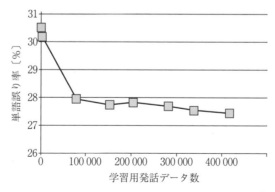

図4.29 学習用発話データ数と音声認識の単語誤り率[23)]

また,安田らは機械翻訳の学習用対訳文章の増加と日英,英日機械翻訳の性能を機械翻訳の客観評価尺度 BLEU を用いて評価し,学習に用いる実データが 15 万発話から 45 万発話に増加することで日英翻訳性能が BLEU スコアで 0.34 から約 0.42 へ,英日翻訳性能が 0.31 から 0.38 に改善されることを報告している[43](図 4.30)。これらの結果,データを増やすことで,性能改善は続いており,実際の使用による実データを収集しながら教師なしで統計モデルの更新,改良を続けていくことの重要性が示唆されている。

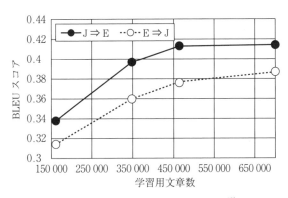

図 4.30　学習用対訳文章数と翻訳性能[43]

〔3〕 グローバルコミュニケーションプロジェクト　2013 年より総務省主導で 2020 年の東京オリンピック,パラリンピックにおける訪日外国人とのコミュニケーションのサポートを目的に音声翻訳の実サービスを普及させるプロジェクトである,グローバルコミュニケーションプロジェクトが開始された。プロジェクトは,プロジェクト 1:病院,商業施設,観光地などにおける社会実証,プロジェクト 2:多言語音声翻訳の対応領域,対応言語の拡大,プロジェクト 3:2020 年東京オリンピック,パラリンピックにおける社会実装で構成されている。音声翻訳の基盤技術の研究開発は情報通信研究機構が担当し,国内の多くの企業が共同で研究開発を行っている。このプロジェクトを推進するためグローバルコミュニケーション協議会が 2014 年に設置された。図 4.31 にグローバルコミュニケーション協議会の構成を示す。

130 4. 音声翻訳の研究プロジェクトとシステム

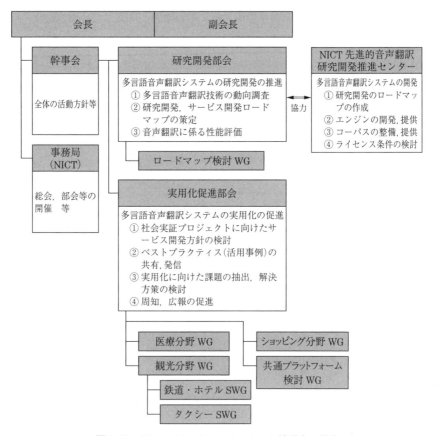

図 4.31 グローバルコミュニケーション協議会の構成

4.2 世界のおもな音声翻訳プロジェクト

〔1〕 **VerbMobil** 1993 年から 2000 年まで行われたドイツの研究開発プロジェクトであり,自由に話した対話を音声翻訳することを目指した[39]。プロジェクトは 135 のサブプロジェクトがあり,33 の研究グループがこれらの研究開発を実施した。方法論的には,シンボル処理と統計処理が最初から統合的に利用され,10 000 単語からなる英独発話の翻訳と 2 500 単語からなる日独発

4.2 世界のおもな音声翻訳プロジェクト *131*

話の翻訳に合計2 300ルールを必要とした。対象とする発話は，携帯電話でマイクを意識せず複数の発話者が自由に発話した音声で，システムは発話者に適応して音声翻訳を行う。音声認識は統計モデルにより構成され，発話内容だけでなく，対話行為，談話構造を考慮して，変換主導翻訳と統計翻訳が並列に行われて統合され，音声合成される。対話行為，談話構造を把握するために韻律（イントネーション，アクセントなど）を抽出して利用している。また多くのモジュールが強調するプラットフォームとすべく，マルチブラックボードアーキテクチャが採用されている。1993年に開始されたこともあり，対話行為や談話構造の考慮，HPSGによる翻訳モデルなど，1986年に開始された株式会社エイ・ティ・アール自動翻訳電話研究所が研究を進めた対話音声翻訳のモデルを参考に発展させていると思われる。

〔2〕 **TC-STAR**　2004年から2006年までの3年間行われた欧州における音声翻訳の研究開発プロジェクトで，制約のない会話音声，特に講演やニュースの音声翻訳（音声から文字への音声翻訳）を対象にした[7]。プロジェクトは，イタリアのITC/IRSTが中心となり欧州の12の研究機関が参加した。

表4.3および表4.4は，2006年に報告された，欧州会議の会議発言のテキ

表4.3　欧州会議の会議発言のテキスト翻訳結果 (http://www.tcstar.org/)[7]

	翻訳のfluency スコア	翻訳のadequacy スコア	翻訳のfluency ランク	翻訳のadequacy ランク
Human Reference	4.24 ± .03	4.39 ± .03	1	1
RWTH	3.39 ± .05	3.61 ± .05	2	5
SLT ROVER	3.37 ± .05	3.71 ± .05	3	2
IRST	3.35 ± .05	3.60 ± .04	4	6
LIMSI	3.32 ± .04	3.57 ± .05	5	7
UKA	3.31 ± .05	3.64 ± .04	6	3
UPC	3.25 ± .05	3.62 ± .04	7	4
IBM	3.24 ± .05	3.54 ± .05	8	8
Reverso	3.08 ± .05	3.39 ± .05	9	9
UDS	3.07 ± .05	3.24 ± .04	10	10
Systran	2.84 ± .04	3.18 ± .05	11	11

132   4. 音声翻訳の研究プロジェクトとシステム

表 4.4 欧州会議の会議発言の音声翻訳結果（http://www.tcstar.org/）[7]

	翻訳の fluency スコア	翻訳の adequacy スコア	翻訳の fluency ランク	翻訳の adequacy ランク
IRST	3.09 ± .05	3.19 ± .05	1	1
SLT ROVER	3.04 ± .04	3.15 ± .04	2	4
LIMSI	2.99 ± .04	3.17 ± .04	3	3
RWTH	2.95 ± .05	3.11 ± .05	4	5
IBM	2.91 ± .04	3.06 ± .05	5	6
UKA	2.89 ± .05	3.18 ± .05	6	2
UPC	2.87 ± .05	3.04 ± .04	7	7
Reverso	2.51 ± .04	2.53 ± .04	8	8
Systran	2.42 ± .04	2.50 ± .04	9	9

スト翻訳および音声翻訳結果である。fluency は翻訳の流ちょうさ，adequacy
は翻訳の適切さであり，1（悪い）～5（よい）の5段階で主観評価した値と
なっている。一つ目の表は発話を書き起こしテキストとして翻訳した結果を示
している。人間の翻訳が fluency, adequacy ともに4以上である一方，機械翻
訳は3点台，また，音声認識結果を入力とした音声翻訳では3点の前半にとど
まり，通じるが人間に比較すると十分でないことがわかる。

〔3〕 **TransTac**　TransTac（spoken language communication and TRANS-
lation system for TACtical use）は，2006年から2010年まで実施されたアメリ
カ国防総省 DARPA による研究開発プロジェクトであり，英語とアラビア語，
英語と Farsi 語（ペルシャ語）の間のハンズフリー，アイズフリーの音声翻訳
システムを研究開発することを目標にした。課題はイラクやアフガニスタンに
派遣された兵士が現地の人々と行う最低限の会話を翻訳することである。アラ
ビア語と Farsi 語と英語の対話の対訳コーパスが十分でないこと，アラビア
語，Farsi 語は活用が英語より非常に多いことによる翻訳の困難さが大きな課
題であった。2006年システムは PDA（personal data assistance）の形で，2007
年システムはラップトップで構成された。**図 4.32**（Back の論文から引用）に

4.2 世界のおもな音声翻訳プロジェクト

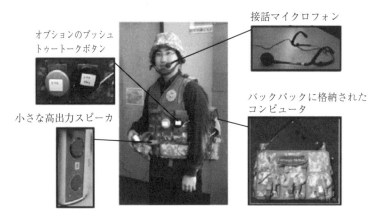

図 4.32 カーネギーメロン大学が開発した TransTac の音声翻訳システム[1]

カーネギーメロン大学が開発した TransTac の音声翻訳システムを示す[1]。英語からイラク語,イラク語から英語へのテキスト翻訳 BLEU スコアは 42,63,英語から Farsi 語,Farsi 語から英語の間のテキスト翻訳 BLEU スコアは 15,23 であった。

〔4〕 **GALE** GALE (Global Autonomous Language Exploitation) は,2006 年から 2010 年まで 5 年間にわたって実施されたアメリカ国防総省 DARPA による研究開発プロジェクトであり,アラビア語と中国語のテレビ,ラジオ,新聞を英語テキストに音声翻訳すると同時に情報抽出を行うシステムを開発する(例えば,文献 34))。これまで,人手で行っていた多言語重要情報の抽出における情報収集,翻訳,情報抽出の作業を自動化する研究であり,バッチ型音声翻訳,情報抽出システムとして構成されている。研究の具体的なゴールは,TV 放送の音声情報の音声認識,英語以外の言語の機械翻訳,与えられた質問に関連のある重要情報の自動抽出である。このプロジェクトは,リアルタイムに収集した情報に対する質問応答の技術開発とも捉えられる。世界中から 12 の研究機関がプロジェクトに参加し,毎年の性能により翌年のプロ

ジェクトの参加の可否が決まる厳しい性能競争を行った。**図 4.33** はアメリカの IBM が構築した GALE のシステムの構成図である。質問応答の対象情報は、衛星放送と Web コンテンツでありそれらを認識翻訳した後、分析者からの質問に関連する情報を提示する。システムは、音声認識、機械翻訳、情報抽出、固有名詞認識、言語認識、方言認識、話者認識、性別認識、キーワードアラートから構成され、IBM が開発した UIMA というオープンプラットフォームで統合されている[34]。

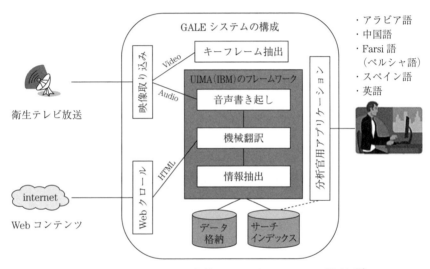

図 4.33 アメリカの IBM が構築した GALE のシステムの構成図[34]

〔5〕 **EU-BRIDGE**　EU-BRIDGE は 2012 年から 2015 年まで欧州プロジェクトとして実施された、欧州 24 言語間の音声翻訳プロジェクトである[5),6)]。このプロジェクトでは、TV 放送の字幕、翻訳の生成、大学の講義の音声翻訳、欧州会議の音声翻訳サービス、コミュニケーション用音声翻訳の実現を目指した。欧州を中心に 10 機関が参加した。**図 4.34** にシステムの構成を示す。

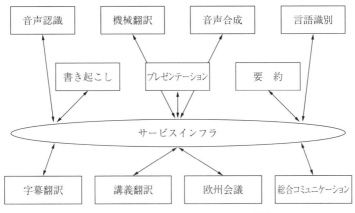

図 4.34　EU-BRIDGE のシステム構成[5),6)]

4.3　国際共同研究と音声翻訳標準化

4.3.1　C-STAR

音声翻訳システムの研究,および共同で音声翻訳システムを構築するため,音声,言語処理を研究する世界の研究機関が協力して,1992年から研究コンソーシアムを設立した。C-STAR は,Consortium for Speech Translation Advanced Research の略である。1990年から1993年が C-STAR I であり,株式会社エイ・ティ・アール自動翻訳電話研究所(日本),カーネギーメロン大学(アメリカ),カールスルーエ大学(ドイツ),SIEMENS(ドイツ)がメンバー,1993年から1999年が C-STAR II であり,株式会社エイ・ティ・アール音声翻訳通信研究所(日本),カーネギーメロン大学,カールスルーエ大学,グルノーブル大学(フランス),韓国電子通信研究所,ITC/IRST(イタリア)などのメンバーで,2000年から2006年が C-STAR III であり,さらに,中国科学院自動化研究所(中国)を加えて活動を行った。1993年には衛星回線を介した世界初の日独英語の音声翻訳実験を行った。C-STAR II の1999年7月22日には国際ビデオ会議で6ヶ国語による音声翻訳のデモンストレーションが実施された。

136 　4.　音声翻訳の研究プロジェクトとシステム

4.3.2　A-STAR

　アジア言語の音声翻訳のため，文部科学省科学技術振興調整費の助成を得て，ATR の音声言語コミュニケーション研究所を中心として，中国科学院自動化研究所（CASIA），韓国電子通信研究所（ETRI），インドネシア技術応用評価庁（BPPT），タイ国立電子コンピュータ技術センター（NECTEC），インド中央電子工学研究所（CEERI），台湾大学（NTU），シンガポール国立インフォコム研究所（I²R），ベトナム情報技術研究所（IOIT）と共同で，アジア全域をカバーする共同研究コンソーシアム（Asian Speech Translation Advanced Research：A-STAR）を発足させた。この共同研究の中で，音声対訳文コーパスの統一フォーマットの設計，音声対訳文コーパスの構築，処理モジュールの接続フォーマット，プロトコルの設計が行われた。

4.3.3　IWSLT

IWSLT（International Workshop on Spoken Language Translation）は，音声翻訳研究の国際的なコンソーシアムである C-STAR の主要メンバーが始めた評価型ワークショップであり，2004 年から開催されている。毎年，参加機関数も増え，現在では世界の音声翻訳研究の中核的イベントとなっている。対象が旅行会話や講演という一般向けの話題で，学習データ，開発データ，評価データが入手可能であり，共通の土俵で音声翻訳の研究開発ができることが IWSLT の特徴である[15]。

　図 4.35 にこれまでの IWSLT のタスクを示す。縦軸の MT は機械翻訳のみのトラック，SLT は音声翻訳のトラック，ASR は音声認識のトラックである。最近になるにつれて，次第にそれぞれ対象言語数が増え，対象も TED 講演と難易度が高まっていることがわかる。2014 年の評価トラックの構成は，音声認識では，英語，ドイツ語，イタリア語 TED 講演の音声認識タスク，音声翻訳では，英 → 仏独伊，独伊 → 英に 2 言語を加えた音声翻訳タスク，テキスト翻訳では，この音声翻訳の言語に 12 言語を加えた言語と英語間での双方向テキスト翻訳タスクとなっている。12 言語には，アラビア語，スペイン語，ブ

4.3 国際共同研究と音声翻訳標準化

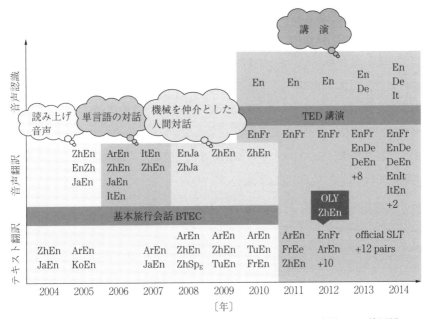

En：英語，Zh：中国語，Ar：アラビア語，It：イタリア語，Ja：日本語，Ko：韓国語，
Sp：スペイン語，Tu：トルコ語，Fr：フランス語，De：ドイツ語．

図 4.35　IWSLTのタスクと対象言語

ラジルポルトガル語，中国語，ヘブライ語，ポーランド語，ペルシャ語，スロベニア語，トルコ語，オランダ語，ルーマニア語，ロシア語が含まれる．

TED英語講演の音声認識の最高性能は単語誤り率 8.4％であり，図 4.36 に

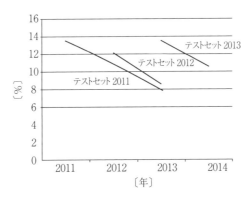

図 4.36　TED英語講演の音声認識の単語誤り率

音声認識で最高精度を達成したシステムの過去のテストセットに対する年度ごとの単語誤り率を縦軸に示している。1年ごとに約4％程度の誤り削減を達成していることがわかる。また，TED英語講演の英仏テキスト翻訳の最高性能は自動評価尺度（BLEUスコア）で37.85であった。**図4.37**は機械翻訳で最高性能を達成したシステムの年度ごとのBLEUスコアを縦軸に示している。同様に持続的な改善が見られる。TED講演を対象にした音声翻訳の結果では，英仏で最高性能がBLEUスコアで28.16となっており，機械翻訳と比較して音声翻訳ではBLEUスコアが9.7低下している。

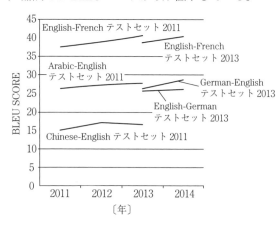

図4.37 TED講演に対する機械翻訳性能

4.3.4 国際標準化

アジアにおけるネットワーク型音声翻訳の先端研究コンソーシアムであるA-STAR[7]に引き続き，全世界に向けた音声翻訳コンソーシアムであるU-STAR[17]が結成された。現在23ヶ国・26機関が加盟し，23言語の音声翻訳技術の研究が行われている。並列に，A-STARの活動を受けて，2009年10月国際通信連盟(ITU-T)のSG16, WP2, Q21 (multimedia architecture) / Q22 (multimedia applications and services) において，ネットワーク型音声翻訳技術の標準化が開始された。情報通信研究機構の堀氏がエディタとなり精力的に活動した結果，**表4.5**に示すように，① ネットワーク型音声翻訳のサービス要求条件と機能，および，② アーキテクチャにおける要求条件の2件の勧告草案を作成

表 4.5 ネットワーク型音声翻訳技術の標準化

勧告番号	勧告名	内容
F.S2STreqss	ネットワーク型音声翻訳のための機能要件	・ネットワークベースの音声翻訳の定義 ・ネットワーク音声翻訳の機能とサービス要件
H.S2STarch	ネットワーク音声翻訳のための構造要件	・ネットワーク音声翻訳のための機能的アーキテクチャ，メカニズム，インタフェース要件

し，2010 年 10 月 14 日に勧告 F.745 および勧告 H.625 が，わずか 1 年の期間で承認された[11]。図 4.38 にネットワーク音声翻訳の構成図を示す。携帯電話な

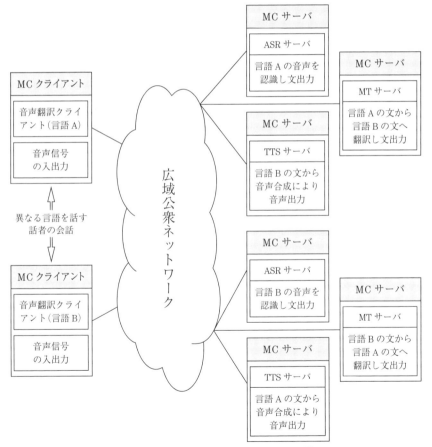

図 4.38　ネットワーク音声翻訳の構成図[11]

140　　4. 音声翻訳の研究プロジェクトとシステム

どの端末と，音声認識，翻訳，音声合成のサーバ群がネットワークを介して接続される。

2010 年 10 月 14 日に ITU-T で承認された音声翻訳の接続プロトコル勧告 F.745 および勧告 H.625 に従い，U-STAR として「多言語音声翻訳サービスを提供するシステム」を共同で開発している。このシステムは，加盟機関の音声翻訳サーバを，ネットワーク型音声翻訳通信プロトコルで相互接続し，音声翻訳を提供する。この標準化案をベースに A-STAR はアジアだけでなく，世界の言語に展開すべく U-STAR として展開している。

4.3.5 U-STAR

U-STAR（Universal Speech Translation Advanced Research）は，2010 年に A-STAR を発展させる形でスタートした国際音声翻訳コンソーシアムである。ITU-T で標準化したプロトコルを用いて世界の言語をつなぐことを目的としている。2017 年時点で 33 の国や地域から 33 の機関が参加している。2017 年までに U-STAR 機関で協力して，uniTRANS というスマートフォンのアプリケーションを開発して実際の利用とデータ収集を国際的に行っている。

引用・参考文献

1) N.Back, M.Eck, P.Charoenpornsawat, T.Köhler, S.Stüker, T.Nguyen, R.Hsiao, A.Waibel, S.Vogel, T.Schultz, and A.Black：The CMU TransTac 2007 Eyes-free and Hands-free Two-way Speech-to-Speech Translation System, Proceedings of IWSLT, **7**（2007）

2) A.Black and P.Taylor：CHATR：a Generic Speech Synthesis System, Coling, **2**（1994）

3) P. F.Brown, J.Cocke, S.A.D.Pietra, V.J.D.Pietra, F.Jelinek, J.D.Lafferty, R.L.Mercer, and P.S.Roossin：A Statistical Approach to Machine Translation, Computational Linguistics, **16**, 2, pp. 79-85（1990）

4) ETSI ES 202 050 v1.1.1 Speech Processing, Transmission and Quality aspects （STQ）; Distributed Speech Recognition; Advanced Front-end Feature Extraction

引 用 ・ 参 考 文 献　　*141*

Algorithm; Compression Algorithms, ETSI（2002）

5）　EU-Bridge1 http://project.eu-bridge.eu/89.php

6）　EU-Bridge2 http://project.eu-bridge.eu/downloads/fs09_Service_Architecture.
pdf

7）　C.Gollan, M.Bisani, S.Kanthak, R.Schluter, and H.Ney：Cross Domain Automatic
Transcription on the TC-STAR EPPS Corpus, Proc. ICASSP, pp. 825–828（2005）

8）　T.Hanazawa, *et al.*：ATR HMM-LR Continuous Speech Recognition System, Proc.
ICASSP, pp. 53–56（1990）

9）　W.Herbordt, T.Horiuchi, M.Fujimoto, T.Jitsuhiro, and S.Nakamura："Hands-Free
Speech Recognition and Communication on Pdas Using Microphone Array
Technology, IEEE Workshop on Automatic Speech Recognition and
Understanding（2005）

10）　H.G.Hirsch and D.Pearce：The AURORA Experimental Framework For The
Performance Evaluation of Speech Recognition Systems Under Noisy Conditions,
ASR-2000, pp. 181-188（2000）

11）　C.Hori, H.Kashioka, and E.Sumita：Breaking down the Language Barrier among 23
Countries：Network-Based Speech Translation Communication Protocol based
on ITU Standards, New Breeze **24**, 4（2012）

12）　飯田　仁：対話翻訳と高度自然言語処理，人工知能学会誌，pp. 328-337（1991）

13）　磯谷亮輔，松田繁樹，林　輝昭，河井　恒，中村　哲：全国音声翻訳実証実験
の実施と実利用データを用いた音声認識のモデル適応，電子情報通信学会論文
誌 D, **J96-D**, 1, pp. 209-220（2013）

14）　河井　恒，磯谷亮輔，安田圭志，隅田英一郎，内山将夫，松田繁樹，葦苅　豊，
中村　哲：H21 年度全国音声翻訳実証実験の概要，日本音響学会研究発表会講
演論文集（CD-ROM），3-9-6（2010）

15）　G.Kikui, T.Takezawa, and S.Yamamoto：Multilingual Corpora for Speech-to-
speech Translation Research, Proc. ICSLP,（2004）

16）　K.Kita, T.Kawabata, and H.Saito：HMM Continuous Speech Recognition Using
Predictive LR Parsing, ICASSP 1989（1989）

17）　K.Kita, *et al.*：HMM Continuous Speech Recognition Using Stochastic Language
Models, Proc. ICASSP 1990, pp. 581-584（1990）

18）　榑松　明：国際電気通信基礎技術研究所　ATR 自動翻訳電話研究所，研究所紹
介，人工知能学会誌，**3**, 6, pp. 793-794（1988）

19）　榑松　明：自動翻訳電話の基礎研究，ATR ジャーナル 10 周年特集号，pp. 31-

38 (1994)

20) K.Markov, T.Matsui, R.Gruhn, J.Zhang, and S.Nakamura：Noise and Channel Distortion Robust ASR System for DARPA SPINE2 Task, IEICE TRANS. INF. & SYST., **E86-D**, 3 pp. 497-504 (2003)

21) S.Matsuda, T.Jitsuhiro, K.Markov, and S.Nakamura：ATR Parallel Decoding Based Speech Recognition System Robust to Noise and Speaking Styles, IEICE TRANS. INF. & SYST., **E89-D**, 3 pp. 989-997 (2006)

22) 松田繁樹，安田圭志，河井　恒：VoiceTra 実証実験の概要，情報通信研究機構季報，**58**，3・4，pp. 205-209 (2012)

23) 松田繁樹，林　輝昭，葦刈　豊，志賀芳則，柏岡秀樹，安田圭志，大熊英男，内山将夫，隅田英一郎，河井　恒，中村　哲：多言語音声翻訳システム VoiceTra の構築と実運用による大規模実証実験，電子情報通信学会誌 D, 10, pp. 2549-2561 (2013)

24) A.Nagai, *et al.*：Hardware Implementation of Realtime1000-word HMM-LR Continuous Speech Recognition, Proc. ICSLP92, pp. 237-240 (1992)

25) A.Nagai, *et al.*：The SSS-LR Continuous Speech Recognition System：Integrating SSS-derived Allophone Models and a Phoneme-Context-Dependent LR Parser, Proc. ICSLP92, pp. 1511-1514 (1992)

26) M.Nagao：A Framework of a Mechanical Translation between Japanese and English by Analogy Principle, in A. Elithorn, and R. Banerji, eds.：Artificial and Human Intelligence, North-Holland, pp. 173-180 (1984)

27) S.Nakamura, K.Takeda, K.Yamamoto, T.Yamada, S.Kuroiwa, N.Kitaoka, T.Nishiura, A.Sasou, M.Mizumachi, C.Miyajima, M.Fujimoto, and T.Endo：AURORA-2J：An Evaluation Framework for Japanese Noisy Speech Recognition, IEICE TRANSACTIONS on Information and Systems, **E88-D**, 3, pp. 535-544 (2005)

28) S.Nakamura, K.Markov, H.Nakaiwa, G.Kikui, H.Kawai, T.Jitsuhiro, J.-S.Zhang, H. Yamamoto, E.Sumita, and S.Yamamoto：The ATR Multilingual Speech-to-speech Translation System, IEEE Transactions on Audio, Speech, and Language Processing, **14**, 2 (2006)

29) 中村　哲，隅田英一郎，清水　徹，S.Sakriani，坂井信輔，J.Zhang, F.Andrew, 木村法幸，葦苅　豊：アジア言語音声翻訳コンソーシアム：A-STAR について，日本音響学会 2007 年秋季研究発表会講演論文集，1-3-14, pp. 45-46 (2007)

30) Y.Sagisaka：Speech synthesis by rule using an optimal selection of non-uniform synthesis units, ICASSP 1988, pp. 679-682 (1988)

31) Y. Sagisaka, N.Kaiki, N.Iwahashi, and K.Mimura：ATR-v-Talk Speech Synthesis System, ICSLP 1992, pp. 483-486（1992）

32) S.Sakti, K.Markov, and S.Nakamura：The Use of Bayesian Network for Incorporating Accent, Gender and Wide-Context Dependency Information, Proc. of Interspeech, pp. 1563-1566（2006）

33) S.Sato and M.Nagao：Toward Memory-Based Translation in Proceedings, COLING '90（1990）

34) H.Soltau, G.Saon, B.Kingsbury, H.Kwang, J.Kuo, and L.Mangu：Advances in Arabic Speech Transcription at IBM Under the DARPA GALE Program, IEEE Transactions on Audio, Speech, and Language Processing, **17**, 5, pp. 884-894（2009）

35) 菅谷史昭，竹澤寿幸，隅田英一郎，匂坂芳典，山本誠一：音声翻訳システム：ATR-MATRIX の開発と評価，情報処理学会論文誌，**43**, 7, pp. 2230-2241（2002）

36) E.Sumita and H.Iida：Experiments and Prospects of Example-based Machine Translation, in Proceedings, the 29th Annual Meeting of the Association for Computational Linguistics pp. 185-192（1991）

37) E.Sumita, S.Yamada, K.Yamamoto, M.Paul, H.Kashioka, K.Ishikawa, and S.Shirai：Solutions to Problems Inherent in Spoken-language Translation：The ATR-MATRIX Approach, Proceedings of MT-SUMMIT VII, pp. 229-235（1999）

38) J.Takami, *et al.*：A Successive State Splitting Algorithm for Efficient Allophone Modeling, Proc. ICASSP 1992, **1**, pp. 573-576（1992）

39) W.Wahlster, ed., Verbmobil：Foundations of Speech-to-Speech Translations, Springer Verlag,（2000）

40) A.Waibel, *et al.*：Phoneme Recognition Using Time Delay Neural Networks, IEEE Trans. on ASSP, **37**, 3, pp. 328-339（1989）

41) K.Yamaguchi, *et al.*：Continuous Mixture HMM-LR Using A* Algorithm for Continuous Speech Recognition, Proc. ICSLP92, pp. 301-304（1992）

42) 山本博史，匂坂芳典：接続の方向性を考慮した多重クラス複合 N-gram 言語モデル，電子情報通信学会論文誌 D-2 **83**, 11, pp. 2146-2151,（2000）

43) 安田圭志，内山将夫，大熊英男，隅田英一郎，松田繁樹，磯谷亮輔，中村 哲：音声翻訳システム実利用データを用いたシステム改善手法，電子情報通信学会論文誌 D，**95**，1，pp. 19-29（2012）

第5章
音声同時通訳

5.1　同時通訳者の処理と認知モデル

　水野[8),9)]によれば，翻訳文と同時通訳文には大きな違いがある。翻訳文を作成する際には訳出の時間拘束がなく，前後の関係，文法を考慮した訳文が作成できる。それに比べて，同時通訳文は，聞いた音声をその場で時間遅れを最小限にし，必要なら文の形を変形して通訳音声を出力する。つぎの文を見てみよう。それぞれの文を構成し，翻訳の単位になるフレーズに括弧付きで番号が振られている。

　（1）The relief workers（2）say（3）they don't have（4）enough food, water, shelter, and medical supplies（5）to deal with（6）the gigantic wave of refugees（7）who are ransacking the countryside（8）in search of the basics（9）to stay alive.

この文の翻訳文はつぎのようになる。

（1）救援担当者は（9）生きるための（8）食料を求めて（7）村を荒らし回っている（6）大量の難民達の（5）世話をするための（4）十分な食料や水，宿泊施設，医療品が（3）ないと（2）言っています。

　この処理を，認知負荷の度合いで調べてみることにする。**図5.1**に原言語のフレーズが記憶されてどのフレーズから訳出されていくかが示されている。下の図は翻訳者の記憶の必要チャンク数である。これによると必要チャンク数は8となる。しかしながら，人間の短期記憶，特に，通訳のようなリアルタイ

5.1 同時通訳者の処理と認知モデル

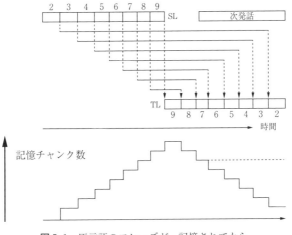

図 5.1 原言語のフレーズが，記憶されてから訳出されていく様子[9]

ムでつぎつぎと次発話の入力が入ってくる場合の短期記憶は約 3 程度と言われているため，このような翻訳は人間の通訳者には困難である。

一方，実際の通訳者の通訳文は，同様に**図 5.2**のように示されている。
（1）救援担当者達の（2）話では（4）食料，水，宿泊施設，医薬品が，（3）足りず（6）大量の難民達の（5）世話ができないとのことです。（7）難民

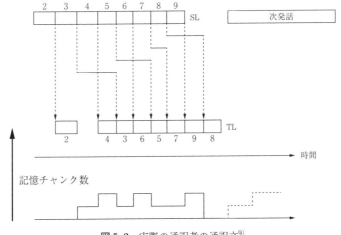

図 5.2 実際の通訳者の通訳文[9]

達は今村々を荒らし回って，（9）生きるための（8）食料を求めているのです。

図に示されているように，通訳者は巧みにフレーズを文として区切ったり，予測したりしながらチャンクが3を超えないように，通訳を実行していることがわかる。

水野は，通訳者の作業モデルとして，**図 5.3** に示す Cowan のモデル[1),2)]が適切としている。このモデルでは，原言語の入力に対して，語彙知識を活用し，長期記憶から文脈などを呼び出し活性化させ，メンタルモデル（MM）に基づき，注意の焦点を順に当てながら，逐次，目的言語産出システムに翻訳情報を渡していくモデルとなっている。また，このモデルのワーキングメモリの部分は，**図 5.4** に示す TBRS（time based resource sharing）というモデルに基づいている。このモデルでは

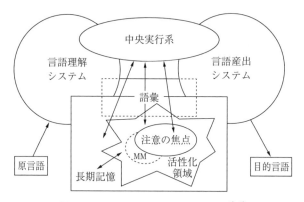

図 5.3　Cowan の通訳者の作業モデル[1),2)]

（1）記憶の維持と処理は同じ資源である注意（attention）の量で制約される。
（2）注意を必要とする認知的な処理は一度に1回動作する。
（3）記憶の維持はどれだけその系列に注意を払ったかに依存する。しかし，注意を向けなくなるとすぐに忘却される。
（4）注意の焦点量には制約があり焦点から外れるとすぐに忘却されるが，注意の共有が記憶の処理と維持の際に持続的に用いられる。

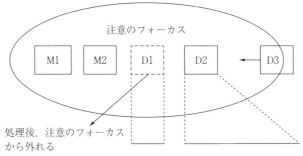

図 5.4 TBRS モデルと注意のフォーカス[9]

このようなモデルは，実際には多様な実験によりさらなる検証が必要であるが，モデルを考慮した音声自動通訳システムとすることで，通訳者らしく，利用者にも聞きやすく，理解しやすい通訳文を生成することができる可能性がある。

5.2　コンピュータはいかに同時通訳者に迫るか

　5.1 節に示したように，翻訳者の結果と同時通訳者の結果を見てみると，かなり異なった性質を持っている。特に，翻訳結果と通訳結果の間に三つの大きな違いがあると言われている。

（1）翻訳の単位：翻訳された結果では，翻訳者は文全体を読んでじっくり考えてから翻訳を行うことができるため，翻訳結果も目的言語として自然な文になっており，原言語文の構造と大幅に異なる。それと比較して，同時通訳者は入ってくる音声をなるべく素早く翻訳しようとするため，原言語の内容を少しずつ，細かく通訳していることがわかる。例えば上記の例では，「2007 年，決心しました」のように，文を細かく切っている。このように早く翻訳することによって，文末まで待たずに翻訳を行うことができ，より素早く聞き手に情報を届けることができる。

（2）未発話内容の予測：また，同時通訳者は実際に内容がまだ発話されてい

148   5. 音声同時通訳

ないにもかかわらず，その未発話内容を予測して翻訳を行っている場合もある。特に日英翻訳の場合では，日本語で動詞が文の最後まで発話されないため，文を少し聞いてから最後にどのような動詞が来るかを予測して先に発話することが多い。このような予測をすることによって，普段なら内容を待たないと通訳を開始できない状態においても，通訳を開始することができる。

（3）表現の選択：ほかにも，翻訳者と通訳者が利用している言葉自体が異なることも見て取れる。翻訳家は複雑な文法構造を使うのに対して，通訳者はシンプルで簡潔な文法を使う。そうすることによって，普段文法の大幅な変更の必要があったり，長い時間をかけて発話する必要のある複雑な文法構造を使ったりせず，素早く発話できるようにする。

ここでは，このような工夫を，どのように同時音声翻訳システムの上で実装するかを説明していく。また，このような同時音声翻訳システムができた際に，そのシステムが確かにユーザにとってよりよいものになっていることを確認するための評価方法についても議論する。

5.2.1　翻訳タイミングの決定

まず，上記の三つの技術の中で，最も広く研究されている翻訳タイミングの決定についていくつかの手法を紹介する。この上で最も重要となるのは，タイミングを決定し，翻訳を開始した際に，なるべく素早く結果をユーザに届けながら，翻訳精度を犠牲にしないことである。これをするためには，なるべくまとまった意味の塊が入力された時点で翻訳を開始することが望ましい。

この実例を図 5.5 に示す。最初の文では，「and」の後に翻訳を開始しても，文の意味が一段落しているため，支障なくいままでの内容に基づいて正確な翻訳を行うことができる。その一方，2 番目の文では翻訳を適切でないタイミングで開始しており，出力する日本語の文法が間違っていることがわかる。

実際にこの意味のまとまりを特定する手法としていろいろ考えられる。既存の手法で翻訳タイミングの決定を行う際に，音響特徴に基づく手法，原言語の

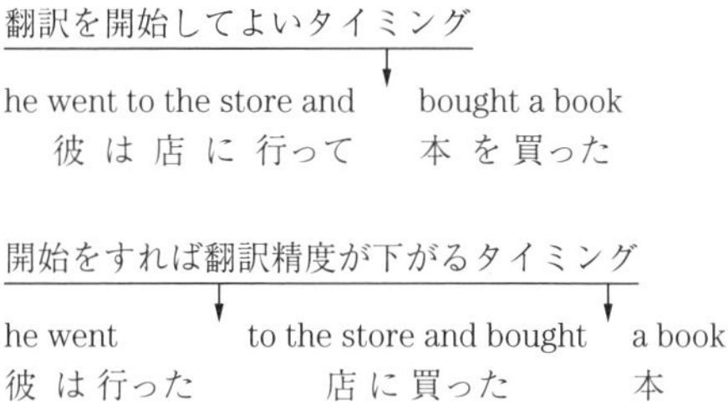

5.2 コンピュータはいかに同時通訳者に迫るか　　149

翻訳を開始してよいタイミング
he went to the store and　　bought a book
　彼　は　店　に　行って　　　本　を　買った

開始をすれば翻訳精度が下がるタイミング
he went　　　　to the store and bought　　a book
彼　は　行った　　　　店　に　買った　　　　本

図 5.5　翻訳を行ってもよいタイミングと
　　　　行って精度が下がるタイミング

特徴に着目した手法，両言語の特徴に着目した手法などが存在する．

〔1〕 **音響特徴に着目した翻訳タイミングの決定**　　まず，意味の塊を特定するための情報として考えられるのは発話者の音響特徴である[3]．最も簡単な手法として，単純に話者が一定の時間を喋らずに沈黙を続けたときに，翻訳を開始するということが考えられる．例えば，500 ms ぐらいの沈黙が続いたときに，翻訳を開始することが多い．図 5.6 の例では「our new goal should be」の後にポーズが存在することがわかり，これが文の意味的なまとまりに値することもわかる．

our new goal should be　　that when every family thinks about where they want to live and work …

図 5.6　沈黙区間を用いた翻訳タイミングの決定

これは非常にシンプルな手法であり，実際に音声認識された発話内容とは関係がないため，音声認識誤りにも左右されない．しかし，この前提になっているアイデアとして，沈黙が意味の塊の境界に対応するという考えがある．しかし，発話の内容と関係なく沈黙が起こることもしばしばある．例えば，発話者がつぎの発話内容を考えながら話している場合には，つぎの発話が思い付かなかった場合に言いよどみや沈黙が入ることが多い．これに引きずられて翻訳を開始してしまえば内容が不完全なまま翻訳を行い，翻訳誤りを起こすこともあ

る。また，強調したい内容の前後に敢えてポーズを入れるなど，他の理由でも沈黙が続くことがある。このため，より発話内容に踏み込んだ翻訳タイミング決定法も提案されている。

〔2〕 **原言語の内容に基づく翻訳タイミング決定**　　まず，原言語の情報のみに基づく翻訳タイミングの決定について説明する。この手法では，基本的には，ある程度まとまった単位の手がかりになるような情報を原言語文から探し出すことに基づいている。

最も広く使われている手がかりは句読点である[3]。文の中の句読点の役割を考えると，多くの場合，文の内容に一区切りを付けることに使われる。このため，句読点が入っているところは，意味のひとまとまりの境界でもあることが多く，ここで切って翻訳を開始しても支障がないところでもあることが考えられる。

しかし，句読点を使うということは必ずしも自明ではない。音声認識結果には句読点が含まれるわけではなく，認識結果から推測する必要がある。また，句点が入るところは必ずしも翻訳して信頼できるわけではない。例えば，「the man, who is named John」を「男，ジョンという」より「ジョンという男」のように翻訳したほうが自然になるように，句点をまたいだ翻訳を行う必要がある場合が多い。また，句点が入っていなくても翻訳を開始してもよいタイミングも多いので，より柔軟に翻訳のタイミングを決定する手法が望まれる。

〔3〕 **両言語の情報に基づくタイミングの決定**　　〔2〕で述べた手法は原言語の情報だけに基づいて翻訳するタイミングを決定していた。しかし，実際には目的言語側の特徴によって，上手に翻訳できるタイミングが変わってくる場合もある。例えば，語順の似ている英語とスペイン語なら翻訳を割と早めに開始できるとしても，語順のまったく異なる英語と日本語ではもう少しタイミングを見計らって，ゆっくり翻訳を開始する必要がある。これに着目して，両言語の情報に基づいて翻訳のタイミングを決定する手法が存在する。

（1） **並べ替えに基づく手法**　　まず，句が並べ替えられる確率に基づく手法について述べる。基本的なアイデアとして，並べ替えが発生しなさそうであ

れば，すぐに翻訳を開始し，そうでなければ新たな入力を待つという手法である。図5.5を見返してみれば，翻訳精度が下がる例において問題となっているのは，例えば「went」に値する「行った」は，まだ未発話である「to the store」に値する「店に」より後に来ないと日本語の文法として成り立たないにもかかわらず，すぐに「went」を翻訳して「行った」を出力していることが挙げられる。この問題を解決するために，「went」に後続する単語は目的言語文で「行った」より先に来る可能性が高いことが判別できれば，この問題を起こさずに済むことが考えられる。

　この問題を捉える手法として，3.3.5項〔3〕で説明した並べ替えモデルに着目する手法が提案されている[4]。具体的には，いままでの発話内容の中で，最後に発話されたフレーズの並べ替え確率を調べて，後続するフレーズに対して並べ替えが発生しない確率を計算する。もし並べ替えの確率がある閾値を下回れば，その時点で翻訳を開始し，そうでなければつぎの入力まで待つ手法である。この閾値を変動させることにより，スピードと翻訳精度のトレードオフを調整することができ，高く設定すればなるべく素早く翻訳することができ，低く設定すれば，確実に並べ替えが起こりそうなときのみ翻訳を開始するため，ゆっくり，高精度な翻訳を行うことができる。

（2）翻訳精度の最適化による翻訳タイミングの決定　　上記の並べ替えに基づく手法も含めて，いままで紹介した手法はすべて「翻訳精度に影響するだろう」という直感に基づいて作成されたヒューリスティクスに基づく手法である。これに対して，翻訳結果の精度を直接考慮して，翻訳タイミングの決定法を作成する手法もある[10]。

　この手法では，学習時に，学習データに対してさまざまな翻訳タイミングを試して，結果的に最も高精度な翻訳結果につながったタイミングを参考にして，翻訳タイミングを推定するモデルを作成する。実際に同時音声翻訳を行うときに，学習時と同じような箇所で翻訳を開始する。

　この手法の学習処理の例を**図 5.7** に示す。まず，原言語の発話と参照訳を用意する。そして，各単語の間に翻訳を開始する文分割境界を挿入してみて，

152   5. 音声同時通訳

	原言語発話	参照訳	翻訳精度
	I ate lunch but she left	私は昼食を食べたが彼女は帰った	
分割境界1	I/ate lunch but she left	私/昼食を食べたが彼女は帰った	0.7
	I ate/lunch but she left	私は食べた/ランチ彼女は帰った	0.4
	I ate lunch/but she left	私は昼食を食べた/しかし彼女は帰った	0.6
	I ate lunch but/she left	私は昼食を食べたが/彼女は帰った	1.0
	I ate lunch but she/left	私は食べたが彼女/左	0.2
	I ate lunch but/she left		
分割境界2	I/ate lunch but/she left	私/昼食を食べたが/彼女は帰った	0.9
	I ate/lunch but/she left	私は食べた/昼食だが/彼女は帰った	0.3
	I ate lunch/but/she left	私は昼食を食べた/しかし/彼女は帰った	0.6
	I ate lunch but/she/left	私は昼食を食べたが/彼女/左	0.2
	I/ate lunch but/she left		

図 5.7 翻訳精度の最適化に基づく翻訳タイミング決定の学習処理

その境界で分割された翻訳結果を得る。その中で，分割した後でも最も高い翻訳精度になる分割境界を選択する。続いて，この分割境界を固定して，つぎの分割境界を選択する。これを，一定の数の分割境界が選択されるまで繰り返すことで，高い翻訳精度を実現する翻訳タイミングを表す分割境界を入手する。これを学習データに，翻訳時に原言語文のみから翻訳のタイミングを選ぶモデルを作成する。また，単語自体ではなく，品詞情報のみを用いてモデルを学習することで，より頑健に翻訳のタイミングを選択できるモデルの作成も可能である。

5.2.2　未発話内容の予測

いままでの話では，翻訳のタイミングを決めて，それまでに発話した内容に基づいてなるべく上手に翻訳を行うことを前提にしていた。しかし，多くの場合，いままで発話された内容だけでは十分な翻訳精度を確保できないこともある。特に，冒頭で述べたように，日英翻訳では動詞を最後まで待つ必要がありすぐに翻訳が開始できない。このような問題を克服するために，未発話内容を予測して，翻訳に利用する手法も提案されている。

〔1〕**単語の予測**　まず，文末動詞を予測して，より素早い翻訳を実現する手法について述べる．具体的なプロセスを図 5.8 に示す．

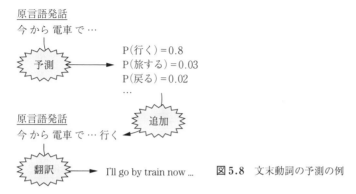

図 5.8　文末動詞の予測の例

　まず，原言語文の発話の一部を入力とし，この発話に基づいて文末動詞を予測する．そして，この予測結果にある程度の自信を持つことができれば，予測結果をいままでの発話に追加して，動詞を含めた翻訳結果を出力する．また，動詞を追加するべきか，もう少し入力を待つべきかの判断は強化学習という機械学習の手法で決定する[5]．

〔2〕**文の構造の予測**　文の内容自体を予測する以外にも，文の構造を予測することも考えられる．これから文の構造がどう展開されていくかは，いままでの発話内容をどう翻訳するかを決定する上で有用な手がかりとなり，人間の同時通訳者もこのような予測を行っていると言われている．機械翻訳において，このような予測は 3.3.6 項で述べたような，構文情報を用いた翻訳に対して，これは重要な要素技術である．

　実際に構文情報を予測し，翻訳に用いる手法を図 5.9 に示す[11]．まず，いままでの発話履歴からつぎにどのような構文構造が現れるかを予測する．この例では，動詞句（VP）を 0.7 の確率で追加できる確信を持っているため，追加する．そして，この構文構造の追加された文に対して構文解析を行い，翻訳を行う．これは単語の予測を行った場合と類似した手続きであるが，単語自体ではなく，どのような単語が来るかを予測するだけで済むため，予測問題として精度が高くなり，比較的容易な問題である．

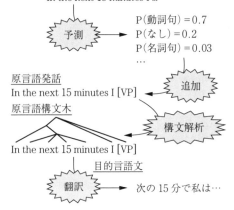

図5.9 構文情報の予測と翻訳における利用

5.2.3 表現の工夫

いままで述べた手法はおもに,翻訳システムが与えられた状態で,どのように工夫してその翻訳システムの翻訳生成スピードを向上させる手法であった。しかし,本節冒頭で述べたように,通訳者は文を区切ったり予測をしたりするだけではなく,表現自体の工夫を行っていることが多い。ここからは,実際の通訳者を参考に,通訳者に近い翻訳を行おうとする手法について述べる。

〔1〕**通訳データからのシステムの学習**　まず,最も単純な手法として,統計翻訳システムに通訳者のデータに取り入れることが考えられる[12]。通訳者の通訳結果をデータとして用いれば,自然と通訳者に近い結果になる。しかし,このような学習を行うために,通訳により生成され,さらに書き起こされた大規模なデータを用いて学習を行う必要が出てくる。実際に入手できる書き起こし済みの同時通訳データの量は限定されているため,工夫を行う必要がある。

この問題を克服するために,分野適応の技術を用いる手法は提案されている。分野適応というのは,大規模なデータで学習された一般的な機械翻訳システムを,小規模なデータしか存在しない分野へと適応する技術である。この技術を用いれば,大規模なテキストデータを用いて学習された言語モデルや翻訳

モデルを，小規模な通訳データで適応することによって，通訳らしくありながら十分な翻訳性能を実現するシステムの構築が可能となる．実際に実験を行った結果，この手法に基づいて，より通訳者らしい翻訳結果が得られたことが報告されている．

〔2〕ルールに基づく出力文の変換　　しかし，分野適応技術を用いることで必要な通訳データの量を減らせると言っても，まだある一定の量の通訳データが必要となる．通訳データを必要としない手法として，普通のテキストデータに対して，人手規則を用いて，より「同時通訳者っぽい」データに変更する手法も提案されている[6]．

例えば，目的言語の構文解析を行い，この構文情報に基づく変換ルールで，より原言語の語順に近い目的言語文を生成する手法は提案されている．この一例を図 5.10 に示す．

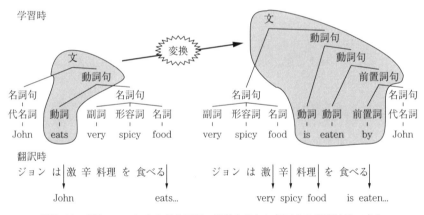

図 5.10　変換ルールによる目的言語の調整とそれに起因する翻訳結果の変化

この手法では，学習時に目的言語（英語）の文を人手で作成されたルールで変換する．特に，より原言語（日本語）の語順に近いようにすることを目的にしている．例えば，図の例にあるように，英語の文を能動態から受動態へ変換することによって，より日本語に近い語順に変換することができる．このような，原言語文と変換された目的言語文のデータから学習したシステムは，素早

く翻訳しても，目的言語として正しい文法になることが期待される。

5.2.4 同時音声翻訳システムの評価

いままで紹介した手法は，同時音声翻訳にかかる遅延をなるべく少なくすることを目的にしている。しかし，遅延を少なくするために，文の内容をすべて認識する前に翻訳を開始する必要があり，翻訳精度が下がるおそれがある。このため，スピードと翻訳精度はトレードオフの関係にあることが多い。このトレードオフを図 5.11 に示す。

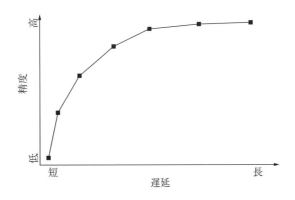

図 5.11　翻訳にかかる遅延と翻訳精度のトレードオフの例

このようなトレードオフが存在する中で，「早い訳出の少し精度の低いシステム」と「遅い訳出で高い精度を実現するシステム」があったとすると，最終的にどのシステムを使えばよいかは定かではないため，ユーザーに提供するシステムをどれにするかを決めることは容易ではない。また，同時音声翻訳システムの精度を最適化するパラメータを学習しようとしたときに，目標とする関数がなければ基本的には最適化を行うことができないという問題がある。

この問題を克服するためには，人間の評価者による主観評価に基づいて，スピードと精度のトレードオフを定量化する評価尺度を作成する手法が提案されている[7]。この手法では具体的に，つぎのような手続きを行う。

a. 原言語の音声（特に動画）を用意し，この音声に対して複数の翻訳システムで結果を作成する。

b. この翻訳結果を，動画と一緒に，字幕もしくは吹き替えとして提示する。そして，提示する際に，異なる遅延時間を載せて，実際の原言語の発話より遅らせて提示する。

c. 同一動画に対して，異なる翻訳精度と遅延を持つ結果を人間の評価者に見せて，どれのほうがよいかを対比較で評価してもらう。

d. 遅延と翻訳精度を入力として，この対比較結果に一致する回帰関数を学習する。こうすることによって，遅延と精度の関係を表す回帰関数を計算することができ，実際の人手による翻訳データに基づいてスピードと精度のトレードオフを学習することができる。

実際に，この手法に基づいて，講演音声に対して学習された評価関数を図 **5.12** に示す。ただし，左側の関数は字幕で結果を提示した場合，右側は音声で結果を提示した場合である。図中，同じ色の部分が同等の翻訳品質であることを示している。字幕提示の場合は遅延が大きくなると主観評価の劣化の度合

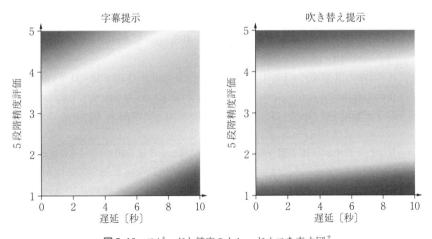

図 **5.12** スピードと精度のトレードオフを表す図[†]

[†] 図 5.12 は，コロナ社ホームページの書籍詳細ページ（http://www.coronasha.co.jp/np/isbn/9784339013382/）の関連資料にてカラー図を公開しているので参照されたい。

いが大きくなるのに対し，音声による吹き替え提示では遅延に対して比較的主観評価の劣化の度合いが少ない。この主観評価の上に，図5.11のシステム結果を上乗せすれば，最もユーザー評価の高い同時音声翻訳システムを選択することができる。また，字幕では吹き替えに比べて遅延が重視されるなど，同時音声翻訳におけるスピードと精度のトレードオフに関する考察を定量的に行うことができる。

引用・参考文献

1) N. Cowan：An embedded-processes model of working memory, In A. Miyake and P. Shah（eds.）Models of Working Memory：Mechanisms of Active Maintenance and Executive Control, Cambridge University Press. pp. 62-101（1999）

2) N. Cowan：Processing limits of selective attention and working memory, potential implications for interpreting, Interpreting, **5**, 2, pp. 117-146（2000/01）

3) C. Fügen, A. Waibel, and M. Kolss：Simultaneous translation of lectures and speeches, Machine Translation, **21**, 4, pp. 209-252（2007）

4) T. Fujita, G. Neubig, S. Sakti, T. Toda, and S. Nakamura：Simple, lexicalized choice of translation timing for simultaneous speech translation, In Proceedings of the 14th Annual Conference of the International Speech Communication Association（InterSpeech）, pp. 3487-3491（2013）

5) A. Grissom II, H. He, J. Boyd-Graber, J. Morgan, and H. Daumé III：Don't until the final verb wait：Reinforcement learning for simultaneous machine translation, In Proceedings of the Conference on Empirical Methods in Natural Language Processing（EMNLP）, pp. 1342-1352（2014）

6) H. He, A. Grissom II, J. Morgan, J. Boyd-Graber, and H. Daumé III：Syntax-based rewriting for simultaneous machine translation, In Proceedings of the Conference on Empirical Methods in Natural Language Processing（EMNLP）, pp. 55-64（2015）

7) T. Mieno, G. Neubig, S. Sakti, T. Toda, and S. Nakamura：Speed or accuracy? A study in evaluation of simultaneous speech translation, In Proceedings of the 16th Annual Conference of the International Speech Communication Association（InterSpeech）（2015）

引 用 ・ 参 考 文 献　　*159*

8)　水野　的：同時通訳の理論，朝日出版社（2015）

9)　水野　的：Simultaneous Interpreting and Cognitive Constraint, 青山学院大学文学部『紀要』，58, pp. 1-28（2016）

10)　Y. Oda, G. Neubig, S. Sakti, T. Toda, and S. Nakamura：Optimizing segmentation strategies for simultaneous speech translation, In Proceedings of the 52nd Annual Meeting of the Association for Computational Linguistics（ACL）, pp. 551-556 （2014）

11)　Y. Oda, G. Neubig, S. Sakti, T. Toda, and S. Nakamura：Syntax-based simultaneous translation through prediction of unseen syntactic constituents, In Proceedings of the 53rd Annual Meeting of the Association for Computational Linguistics（ACL）, pp. 198-207（2015）

12)　H. Shimizu, G. Neubig, S. Sakti, T. Toda, and S. Nakamura：Constructing a speech translation system using simultaneous interpretation data, In Proceedings of the 2013 International Workshop on Spoken Language Translation（IWSLT）, pp. 212-218（2013）

第6章 究極の音声翻訳

6.1 理想的な音声翻訳モデル

人間の通訳者が考慮していると思われるマルチモーダルな情報，文字情報以外の強調や感情などのパラ言語情報，そして，対話の中の文脈，談話構造などを考慮した究極の音声翻訳に向けた研究の可能性について紹介する。

図 6.1 に理想的な音声翻訳のイメージを示す。五月雨式に音声認識，翻訳を行う同時通訳の機能に加えて，対話や講演の場合は対話行為や談話構造の考慮が，内容の理解，主語や指示語の理解に不可欠であり，加えて文字情報にならない，韻律，強調，感情，個人性，顔，ジェスチャなどの情報がコミュニ

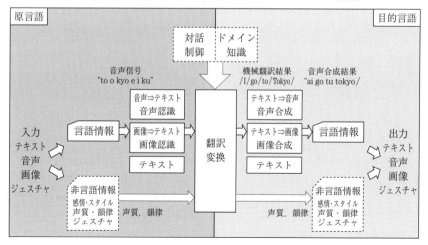

図 6.1　理想的な音声翻訳のイメージ

ケーションに不可欠である。

6.2 パラ言語音声翻訳

　人の会話では発話内容だけでなく，個人性，表情，話し方，間の取り方，声の抑揚などの非言語情報も内容を理解するのに非常に重要である。このため，人間の通訳においては，このような視覚的，音声的な特徴から得られる非言語情報を加味して翻訳されている。

　音声翻訳で個人性を翻訳音声に付与する技術として，3.4.4 項に示した声質変換（voice conversion）がある。テキスト音声合成の声質を入力話者の声質に変換する技術であり，近年は混合正規分布に基づき変換関係を統計的にモデリングし，中間的な話者を介することで，高品質化と学習データを削減する方法を提案している。

　さらに，発話者の個人性をさらに保持する研究として，6.3 節に示す音声–発話顔翻訳技術がある[5]。この研究では，入力発話者の顔の静止画像を三次元顔モデルにフィッティングし，音声翻訳後の対象言語の音声に合わせて口の動きを生成する研究である。これにより，自分で実際には話せない言語を話す顔を作り出すことができる。

　さらに，非言語情報の音声翻訳として，原言語の入力音声中に存在する意図的な強調を対象言語の翻訳音声上に再現する研究が行われている（**図 6.2**）[1]。あらかじめ強調音声と平静音声から音響モデルを作成しておき，入力音声が強調されているかどうかを強調判定部（emphasis est.）において単語レベルで判定する。強調発話の対訳音声コーパスを元に，条件付き確率場（CRF）を用いて言語間での強調パターンのマッピングを学習しておき得られた強調に従って強調を含んだ音声合成システムから音声を合成する。図 6.2 には，さらに，エンコーダ・デコーダによる再帰型ニューラルネットワークと注意機構を用いてこの強調を言語間で変換する方法も併せて表示している。**図 6.3** にこの方法で，強調が正しく変換されたかどうかの評価を F 値によって評価した結果を

6. 究極の音声翻訳

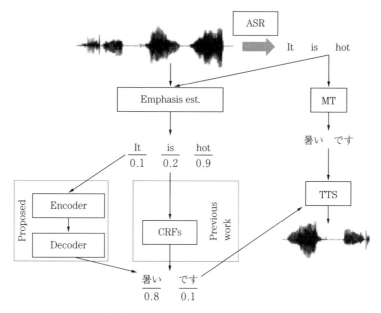

図 6.2 原言語音声の強調を再現する音声翻訳システム[1]

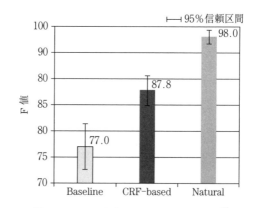

図 6.3 原言語音声の強調の音声翻訳結果[1]

示す．横軸は，強調のない baseline，条件付き確率場を用いた方法，最後に再帰型ニューラルネットワークによる結果を示す．この方法により強調と正しく主観評価された単語の比率が向上したことが示されている．

注意機能付き再帰型ニューラルネットワークによる手法[2]では，原言語の入

力の単語列 w,品詞情報 p,強調度合い λ とし,これらを LSTM 型の再帰型ニューラルネットワークに入力し,学習時は正しく強調された目的言語の系列を正解情報としてニューラルネットワークの重みを学習する(図 6.4)。翻訳時は,原言語の原言語の入力の単語列 w,品詞情報 p,強調度合い λ を LSTM に入力し,出力をつぎの時刻の入力に入れていくことで,単語と強調度合いを出力できる。強調されているかどうかの精度を測定した結果,条件付き確率場に基づく手法に比べて主観評価で約 4 ％の改善を達成している。

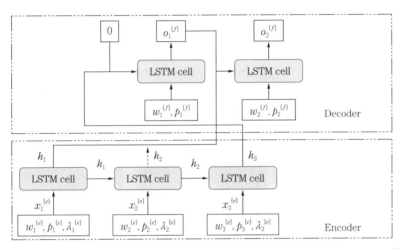

図 6.4 エンコーダ・デコーダによる再帰型ニューラルネットワークによる強調の翻訳[2]

6.3 音声画像翻訳

音声翻訳では原言語の入力音声を認識,翻訳,目的言語の音声を合成する。これに加えて,発話顔画像を加工してあたかも発話者が目的言語の音声を発話しているようにする音声画像翻訳システムを世界で初めて構築した[4),5)]。このシステムは図 6.5 にあるように原言語の発話者の顔をキャプチャーし 3 次元顔のワイヤーフレームモデルにマッピングし,発話に関係する口,顎の動きを翻訳された目的言語音声の発話になるように変形する技術である。

164   6. 究極の音声翻訳

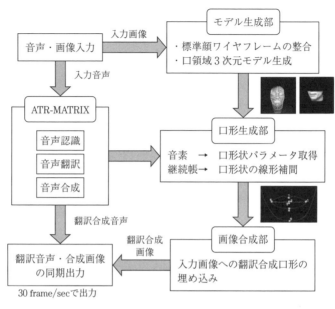

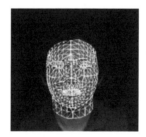

（a）元画像　　　（b）3Dモデルへの　　　（c）口唇モデル
　　　　　　　　　　　フィッティング

（d）元画像　　　（e）音声画像翻訳後画像

図 6.5　音声画像翻訳システム[5]

6.4　speech-chainへの挑戦

　人間は発話時に自分の発話を聞き取りながら発話のための筋肉制御指令を生成し，また，聞いているときは発話を模擬するミラーニューロンが働き，発話しながら聴取している。このフィードバックはspeech-chainと呼ばれている[3]（図6.6）。このループにより次発話の予測，雑音がある環境での頑健な音声聴取などが可能となっている。近年のニューラルネットワークによる，音声認識，音声合成の進歩はこのspeech-chainのループの模擬も可能にしつつある。図6.7に示すように，音声認識と音声合成を統合し，脳内におけるspeech-chainをend-to-endで模擬する深層学習も試みられ始めている[7]。

　この研究ではまず少量の書き起し音声で初期の音声認識と音声合成を学習する。つぎに，書き起しのない音声に対し，end-to-endの音声認識を行い文字化する。その結果に従ってend-to-endの音声合成を行い，元の音声との誤差を計算する。また，音声のないテキストに対しても音声合成を行い，その音声を音声認識しテキスト化し，認識結果のテキストと元のテキストの誤差を計算する。両方の誤差を統合した後，それぞれのモデルをニューラルネットの誤差

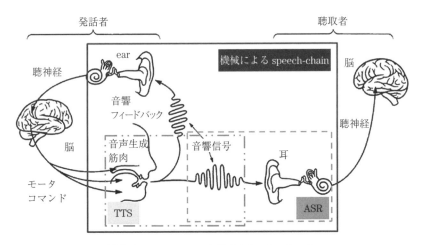

図6.6　speech-chainとそのシミュレーション

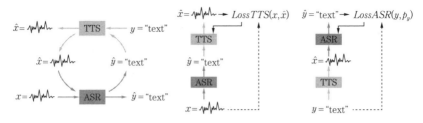

図 6.7 speech-chain のシミュレーションモデル[7]

伝播により更新する。この方法により，現時点では話者特定ではあるが，表 6.1 にあるように，ASR では 10k 発話の初期モデル 10 % CER に対し，40k の教師なし音声，テキストデータを使用して 5 % CER まで誤りが削減した。音声合成の性能についても，同時に対数ケプストラム距離が 7 から 6.2 に削減でき，ASR と TTS を統合的に学習する有効性が確認できた。

表 6.1 speech-chain を考慮したモデルの誤差[7]

データ	ハイパーパラメータ			音声認識	音声合成		
	α	β	gen. mode	文字誤り率〔%〕	メルスペクトル誤差	波形誤差	精度〔%〕
音声・書き起こしペアデータ（80 utt/spk）	-	-	-	26.47	10.213	13.175	98.6
音声・書き起こしペアでないデータ（remaining）	0.25	1	greedy	23.03	9.137	12.863	98.7
	0.5	1	greedy	20.91	9.312	12.882	98.6
	0.25	1	beam 5	22.55	9.359	12.767	98.6
	0.5	1	beam 5	19.99	9.198	12.839	98.6

6.5 end-to-end 音声翻訳

音声翻訳を sequence-to-sequence の問題と捉えて音声入力から機械翻訳のテキスト出力までを end-to-end で学習する試みも進められている[4]。音声翻訳は入力から出力までが遠いので end-to-end 学習は困難である。図 6.8 に筆

6.5 end-to-end 音声翻訳

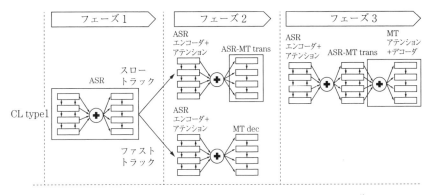

図 6.8 カリキュラム学習に基づく end-to-end 音声翻訳システム[3]

者のグループで進めているカリキュラム学習に基づくシステムを示す．この学習では，フェーズで音声認識の学習を行い，フェーズ 2 のファストトラックでは，音声認識のエンコーダとアテンションと機械翻訳デコーダを組み合わせ，機械翻訳デコーダを学習する．スロートラックのフェーズ 2 では，音声認識のエンコーダとアテンションと，音声認識-機械翻訳トランスコーダを組み合わせ，トランスコーダのみを学習する．最後に機械翻訳アテンションとデコーダを接続し学習する．BLEU+1 による翻訳性能評価結果を図 6.9 に示す．左から MT のみ，音声認識結果入力の機械翻訳，音声翻訳の end-to-end 学習，ファストトラック，スロートラックの結果である．直接学習は非常に困難であるが，カリキュラム学習により end-to-end での学習が可能になっている．

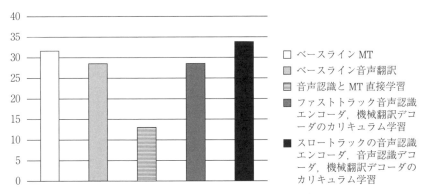

図 6.9 BLEU+1 による翻訳性能評価結果[3]

6.6 音声翻訳の課題と今後

　これまでの研究は，主として旅行会話等の音声翻訳とTED講演の音声翻訳を対象に進められてきた。旅行会話を対象にした音声翻訳では比較的多言語への対応が可能であった。これは，文が短く構文の曖昧性が低いことにより，高い音声認識性能および機械翻訳性能が確保できることが大きい。一方，TED講演の場合には，英仏のような類似の文構造を有する言語を対象に試みられてきた。ところが，日英の場合は語順が大きく異なるため翻訳性能が大きく劣化してしまう。また，日本語が原言語の場合には，主語などの省略が頻発しさらなる性能劣化を引き起こす。また，音声翻訳の場合には，話し言葉と書き言葉との違いに対応する必要がある。このために，話し言葉の収集，話し言葉の対訳の収集，話し言葉と書き言葉間の言い換えパラフレーズなどを考慮する必要がある。

下記に技術的な課題を示す。

- 性能上の課題
- 全体：高速化，高精度化，大語彙化，多言語化，未知言語対応
- 音声認識：話者，方言，言語，スタイル，雑音
- 機械翻訳：文脈利用，主語省略・照応への対応，構文・依存構造の利用，対話構造・談話構造の考慮，曖昧性解消，意味解析，クロスカルチャ対応
- 音声合成：音質，自然性，個人性，スタイル，文生成
- 全体システム：統合システムとしての最適化
- 実時間性の課題
- 同時性，同時通訳（音声から音声，音声から字幕）
- 知識とのリンク
- Web, Wikipedia, オントロジー，意味の利用
- 他の情報とのリンク
- 画像，位置，利用者，履歴，状況

- 韻律利用，パラ言語・非言語制御
- 実システム運用と自動学習
- 持続的なデータ自動収集と教師無し学習

筆者らのグループを含め，文末を待たずに処理を進める同時通訳五月雨式の同時音声翻訳アルゴリズムと評価手法，音声翻訳性能からの音声認識や機械翻訳のモデルの重みを最適化する手法，強調などの非言語意図情報を翻訳後の音声に付与する音声翻訳，利用者の声で翻訳出力する声質変換を備えた音声翻訳，発話画像の変換をも備えた音声・発話顔音声翻訳などの研究についても積極的に進められている。

図 6.10 に筆者の中村が 2008 年に作成した予想ロードマップを示す。2008 年は旅行会話を対象にした音声翻訳の実用化が開始された翌年であり，言語数も日英中に限定されていた。図中の下の矢印で示された旅行会話の多言語化のラインとその上の実用旅行会話とそのサービスのラインについては，インターネットに接続したクラウドサービスとしたことと，国際コンソーシアムでの協

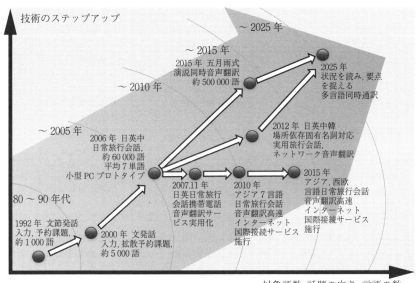

図 6.10　予想ロードマップ[5)]

170   6. 究極の音声翻訳

力体制の構築もあり，ほぼ予測どおりに進展している。しかし，一番上の矢印のラインの五月雨式の同時音声翻訳の研究開発については，技術的難易度がとても高く，また，利用可能なコーパスがほとんど存在していないため，本格的な研究開発はまだ緒についたばかりである。筆者らのグループでは，TED 英語講演に対して，上級，中級，初級のプロの同時通訳者による同時通訳コーパスの収集，分析，モデル化の基礎研究を現在進めている。

表6.2 に 2020 年および，2020 年以降の予測イメージを示す。現時点で実験システムレベルの技術が 2020 年頃に実用レベルになると思われ，一方で，現状において基礎研究レベルの技術が実用に達するまでには 5 〜 10 年以上の基盤研究と実証の期間を要すると考えられる。例えば，同時通訳，非言語情報の利用，意味解析，対話・談話構造の利用，日本語の照応などについては，さらなるコーパス収集，研究開発の時間を要すると考えられる。もちろん，コーパス構築の枠組みを工夫して加速すれば所要の期間は短縮され得るであろう。

表6.2 2020 年および，2020 年以降の予測イメージ

	現在	2020 年 実験システムレベル @ 2015	2020 年以降 基礎研究レベル @ 2015
利用 シーン	旅行会話 音声翻訳システム	オリンピック 日常会話音声翻訳 画像 テキスト翻訳	講演等のオフライン字幕 講演・会議等の同時通訳， 字幕 多様な情報，モダリティ の言語変換
システム	スマートフォン アプリ	ウェアラブル型	ウェアラブル アンビエント
多言語化	4 言語の音声翻訳	10 言語対の音声翻訳 音声翻訳クラウド サービス	20*20 言語対音声翻訳 未知言語即時適応能力
基本技術	フレーズベース翻訳 GMM-HMM 音声認識 DNN-HMM 音声認識 基本方式	DNN による高精度版 構文構造利用翻訳 GPU 高速処理 文字認識などとの連携	文脈，意味解析 主語省略，照応への対応 混合言語対応 クロスカルチャー対応 文字，画像，動作翻訳

音声翻訳システムは統計的モデルにより構成されている。そのため，大規模な単言語，多言語の音声，テキストコーパスが必要である。機械翻訳のためのコーパス，ツールについては，渡辺らによる教科書[8]に詳細に情報があるので参照されたい。

引用・参考文献

1) Q. T. Do, S. Takamichi, S. Sakti, G. Neubig, T. Toda, and S. Nakamura：Preserving Word-level Emphasis in Speech-to-speech Translation using Linear Regression HSMMs, Interspeech（2015）

2) Q. T. Do, S. Sakti, G. Neubig, and S. Nakamura：Transferring Emphasis in Speech Translation Using Hard-Attentional Neural Network Models, Interspeech（2016）

3) 日本音響学会編，廣谷定男編著，筧　一彦，辰巳　格，皆川泰代，持田岳美，渡辺真澄共著：聞くと話すの脳科学，音響サイエンスシリーズ17，コロナ社（2017）

4) T. Kano, *et al.*：Structured-based Curriculum Learning for End-to-end English-Japanese Speech Translation, Interspeech（2017）

5) S. Morishima, S. Ogata, K. Murai, and S. Nakamura：Audio-visual speech translation with automatic lip synqronization and face tracking based on 3-D head model, Proceedings of IEEE ICASSP, 2, pp. 2117-2120（2002）

6) S. Nakamura：Overcoming the Language Barrier with Speech Translation Technology, NISTEP Science & Technology Foresight Center（2009）

7) A. Tjandra, *et al.*：Listening while Speaking：Speech Chain by Deep Learning, arXiv：1707. 04879（2017）

8) 奥村　学監修，渡辺太郎，今村賢治，賀沢秀人，Neubig Graham，中澤敏明共著：機械翻訳，自然言語処理シリーズ4，コロナ社（2014）

あ と が き

　音声翻訳の研究に出会って早 30 年になる。筆者の中村が音声認識の研究を始めたときは，音声の特徴量を線形予測の係数として抽出する手法，音声の発話ごとの声道の違いによるスペクトルの変動をマルチテンプレートで吸収し，時間変動を動的計画法で吸収する手法が主流で，それでも非常に巧妙であることに感動したものである。当時は日本の音声・言語処理技術は世界トップであった。しかし，その後，隠れマルコフモデルや N グラムのようなそれまでと異なる通信理論に基づく統計的なモデリング，さらには，深層学習による手法が登場し，まったく景色が変わってしまった。さらに，アメリカでは国防総省の DARPA プロジェクトのもと，共通タスクで性能競争するというフレームワークが始まり，必ずしも新しくない手法の組合せだが，少しずつ性能を向上させる，技術開発としての進め方を採用した。その結果，アメリカでは 1 000 単語の不特定話者連続音声認識システム（Sphinx）を生み，種々のプロジェクトにより数々のシステムや人材を輩出した。これに続いて欧州でも，性能競争・評価型のプロジェクトとして TC-STAR や EU-BRIDGE などが実施された。それらに従事した学生，研究者が企業に参加し，スタートアップ企業を起業するなどして，現在の音声・言語処理サービスを提供している。日本においても ATR をはじめとする政府主導の研究開発プロジェクトが実施され，その成果として，携帯電話用のネットワーク型音声翻訳のサービスが実現された。ATR の成果についても ATR が関連するいくつかのスタートアップ企業を生み成果展開が図られている。

　ATR プロジェクトには，日本以外にも海外からの研究者も多く関与し，その数は膨大で，世界の音声・言語分野のシニアな研究者はなんらかの意味で ATR に関わった経験があると言っても過言ではない。その意味で ATR は

DARPA 主流のアメリカ標準から見ても十分に存在感を発揮した。

研究にはフェーズがあり，例えば，基礎研究，基盤研究，システム研究，応用研究のフェーズがある。DARPA は研究の状況を観測し，このフェーズにあったプロジェクト支援の形式として，性能競争・評価型をとっていたのではないかと思う。その点で，現在の日本の大学や研究機関は，基礎研究にとどまる傾向があり，また，それをよしとする傾向があるが，フェーズのシフトに応じて，基盤研究，システム研究，応用研究に合わせた進め方があるのではないかと思う。ほとんどの重要な技術の基礎研究フェーズでは，論文発表で日本の大学が先行しているが，基盤研究，システム研究，応用研究では，新規性が小さいため大学は機能を発揮できず，後塵を拝している。技術を確立していくにはフェーズをシフトしていく仕組みと人材が必要である。

音声翻訳は人類の夢である言葉の壁を越える技術である。5 章に述べたようにいまだ解決できていない課題が山積しているが，通訳者のように，あるいは母語で話したときのように異なる言語を話せるような技術を研究開発していく必要がある。一方，コミュニケーションのためだけでなく，アメリカのDARPA プロジェクトのように情報分析のために音声翻訳の研究開発を実施することも非常に重要である。すべての情報がインターネットにつながり，膨大な情報が利用可能な（ビッグデータ）時代にこのような情報分析は音声翻訳研究のパラダイムシフトとも言える。

1986 年に株式会社エイ・ティ・アール自動翻訳電話研究所が榑松 明氏を社長として発足し，産官学から筆者の中村を含め多くの研究者が研究に参加した。音声情報処理では，カーネギーメロン大学滞在から NTT の鹿野清宏博士が戻り，室長として参加した。そして，カーネギーメロン大学や IBM で進んでいた隠れマルコフモデル，N グラム，MIT の Zue 博士らが進めていたスペクトログラムリーディングによる音声認識，ニューラルネットワークによる音声認識を立ち上げ，その後の日本の音声認識研究に貢献した。また，NTT から同様に参加した匂坂芳典博士も素片接続型音声合成をはじめ音声合成の研究に貢献した。ATR では同年，エイ・ティ・アール視聴覚機構研究所も発足し，

聴覚，音声生成の基礎研究が行われた。人間の機能に関する基礎研究と音声翻訳を目指した目的指向型研究の協力関係は相互に補完関係にあり非常に役立ったと感じている。

1987 年には，現在，カーネギーメロン大学とカールスルーエ工科大学の教授をしている Alexander Waibel 博士が ATR に滞在された。Waibel 博士は，ニューラルネットワークで音声認識を行うという先験的な研究に挑戦され，時間遅れニューラルネットワークを提唱し後に IEEE 論文賞を受賞された。この時間遅れニューラルネットワークは，現在のたたみこみニューラルネットワークの原型である。

筆者の中村は Waibel 博士と，ほぼ同じ年代であった，武田一哉氏（現，名古屋大学教授），阿部匡伸氏（現，岡山大学教授）らと研究や生活をともにした。当時，英語があまり得意でなかったが，日々の暮らしで英語を使うことはコミュニケーション力と自信を付けてくれた。また，Waibel 博士やその後の多くの国際人脈は研究の実施をおおいに助けてくれた。このような国際的なヒューマンネットワークや，異文化交流が非常に役立っている。

2010 年以降，そのニューラルネットワークが再来し，音声認識，機械翻訳のいずれにも大きな性能改善をもたらしている。音声認識では switchboard タスクという電話会話音声の認識で，人間が聞き取って書き起こした際の単語誤り率 6％ に匹敵する性能が自動音声認識により達成されている。膨大な学習データ，多数の隠れ層，いろいろな学習アルゴリズム，高速化アルゴリズム，高速計算ハードウェアの賜物である。

40 歳代にいくつかの書籍の執筆に参加させていただいた。その際に感じたことは自らの能力が書籍を執筆するに値しないので，55 歳になるまで止めようということだった。ところが，時間はあっという間に過ぎてしまい，55 歳を回ってしまっていた。日本音響学会　音響サイエンスシリーズ委員長の平原先生から本書の執筆を引き受けてからも，奈良先端科学技術大学院大学の研究室の立ち上げ，音声自動通訳をはじめとする数々の新たな研究テーマの立ち上げ，研究資金獲得に奔走し，時間がとれず，予定を大幅に遅れてしまった。ま

た，執筆中に，准教授だった戸田博士が名古屋大学教授に，助教だった
Neubig 博士がカーネギーメロン大学のテニュアトラック助教に転出されてし
まった。本当に，人生のよい時期は一瞬だと痛感させられた瞬間であった。

　最後に，音声や言葉は人間の認知プロセス，創造活動の核心である。その認
知活動の核心を解き明かしていくのが言語研究の醍醐味であると思う。読者の
皆様には新たな時代へ向けて，夢を信じて既成概念にとらわれない研究開発に
打ち込んでいただきたいと思う。

　2018 年 4 月

中村　哲

索　引

あ

アクセント	14, 71
アクセント成分	74
アライメントアルゴリズム	42

い

意味的妥当性	66
イントネーション	12, 14
韻律生成	72

え

エイリアシング	27
エンコーダ	37
エンコーダ・デコーダ	63

お

オートエンコーダ	37
オピニオン評定	91
重み付き有限状態トランスデューサ	22
重みの調整	54
音韻生成	74
音響音韻論	20
音響管	21
音響モデリング	38
音響モデル	27, 30
音源	29
音声合成	68
音声特徴量抽出	79
音声認識	18
音声表情制御	88
音声翻訳	1
音素	18, 27
音素コンテキスト	19
音素体系	11

か

外言	12
階層的フレーズベース翻訳	57

き

ガウス混合モデル	22
書き言葉	6
確率的オートマトン	31
確率的勾配変分ベイズ	38
隠れマルコフネットワークモデル	107
隠れマルコフモデル	21, 30
カットオフ周波数	27
可変長素片接続型音声合成	111
完全結合型深層ニューラルネットワーク	38
観測空間	24

き

機械翻訳	43
記号間翻訳	8
木構造	33
木構造クラスタリング	114
規則ベース音声合成方式	69
木に基づく翻訳	55
基本周波数パターン	73
客観評価尺度	91
逆フーリエ変換	29
共起回数	48
教師あり学習	37
教師なし学習	36
共振付与部	69
強勢	19
共分散行列	32
共鳴	21

く

クラウドソーシング	66

け

継続長モデリング	81
形態素解析	70, 72
決定空間	24
ケプストラム解析	28
ケフレンシ	30
言語間翻訳	8

け

言語情報	14
言語内翻訳	8
言語モデル	27, 34, 50

こ

語彙化翻訳確率	52
語彙選択誤り	45
構文解析	56, 71
構文木	55
構文情報に基づく翻訳	56
合文法無意味文	91
声を操る	88
声を混ぜる	88
声を真似る	88
個体内コミュニケーション	12
コネクショニスト時系列分類	40
コーパスベース音声合成	69
コミュニケーションの数学的モデル	13
コムニカチオ	10
コンテキスト	19
コンテキストクラスタリング	82
コンテキスト情報	70

さ

最大事後確率	35
雑音源	13
雑音のある通信路	13
サブワード	27, 33
サポートベクトルマシン	72
残響環境	20
三者二言語コミュニケーションシステムモデル	9
サンプリング	27, 38

し

時間遅れニューラルネットワーク	37, 108
シグモイド活性化関数	40

索　　　　引　　177

あ

事後確率　　25
事前学習　　38
事前確率　　34
事前並べ替え　　58
自動音声翻訳　　10
自動評価　　66
主観評価尺度　　91
主語補完　　113
主辞駆動句構造文法　　106
受信機　　13
準定常　　28
条件付き確率場　　72
状態継続長　　82
状態系列確率　　82
状態遷移確率　　82
深層学習　　22, 36
深層識別学習　　37
深層信念ネットワーク　　37
深層双方向 LSTM リカレン
　トニューラルネットワーク
　　40
深層ニューラルネットワーク
　　37, 86
深層ボルツマンマシン　　37

す

数字認識　　20
数量化 I 類　　72
スコア関数　　54
素性関数　　50
素性構造伝搬パーザ　　111
ストレス　　19
スペクトル包絡線　　30

せ

声質変換　　87
正則化オートエンコーダ　　37
静的・動的特徴量　　84
声道フィルタ　　29
制約付きボルツマンマシン
　　37
線形予測係数　　28

そ

双方向リカレントニューラル
　ネットワーク　　40
ソースフィルタモデル
　　69, 79
ソフトマックス層　　38
素片選択型音声合成　　69

た

大語彙連続音声認識　　32
対比較　　66
対話翻訳システム　　110
多空間確率分布 HMM　　80
多層パーセプトロン　　22
たたみこみ　　29
たたみこみ型　　38
たたみこみニューラルネット
　ワーク　　37, 109
探索　　22
探索アルゴリズム　　35

ち

知覚線形予測　　28
逐次状態分割　　107, 114
知識ベース　　21
注意型ニューラルネットに
　基づく翻訳　　64

て

テキスト音声合成評価会　　90
敵対的学習　　86
デコーダ　　37
デコーディング　　53
データに基づく機械翻訳手法
　　47
デノイジングオート
　エンコーダ　　37
伝達特性　　20

と

投影層　　39
統計的機械翻訳　　47
統計的パラメトリック音声合
　成方式　　69, 77
統計的フレーズベース
　機械翻訳　　120
統計翻訳　　115
統計モデルフレームワーク
　　21
動的プログラミング　　21
特徴抽出　　26, 27
特徴ベクトル　　28
トライグラム　　34

な

ナイキスト基準　　27
内言　　12
並べ替え誤り　　45

な（続き）

並べ替えモデル　　50, 52
喃語　　11

に

日英独音声言語翻訳実験
　システム　　106
ニューラルネットに基づく
　機械翻訳　　58
ニューラルネットワーク　　22
認識／探索アルゴリズム　　27

は

バイグラム　　34
背景ノイズ　　20
ハイブリッド深層ネット
　ワーク　　37
波形合成　　76
波形素片接続の音声合成　　113
パターン認識　　23
発音辞書　　27, 33
バックプロパゲーション　　40
発話者間の異なり　　19
発話スタイル　　19
発話速度　　19
話し言葉　　6
パラ言語　　9
パラ言語情報　　14, 86
パラメータ生成　　84

ひ

非言語情報　　12, 14, 86
非線形モデル　　72
ビットレート　　28
非定常過程　　28
非定常雑音抑圧フィルタ　　120
人手規則に基づく翻訳　　46
人手による評価　　65
ビーム探索　　54

ふ

ファジィベクトル量子化　　107
フィードフォワード型　　39
フォルマント　　21
フォルマント周波数　　19, 21
藤崎モデル　　73
部分翻訳　　113
フーリエ変換　　29
フレーズ　　18
フレーズ境界　　71
フレーズ成分　　74
フレーズベース翻訳　　49

索引

フレーム 28
フレーム分析 79
分散型音声認識 126

へ

平均声モデル 88
ベイジアンネットワーク 121
ベイズ則 36
ベクトル量子化 32
変換主導翻訳 113, 115
変調フィルタスペクトログラム 28
変分ベイズオートエンコーダ 37

ほ

ボイスバンク 92
母　語 11
ボコーダ 69
ボーダ 69
翻訳結果の探索 53
翻訳の適切さ 132
翻訳の流ちょうさ 132
翻訳編集率 67
翻訳モデル 50

ま

マイクロフォンアレー 120
マルコフ連鎖 21
マルコフ連鎖モンテカルロ 38

む

無声音 79

め

メル周波数ケプストラム係数 28

ゆ

有限状態オートマトン 22
有声音 79

よ

用例主導翻訳 113
用例ベース機械翻訳 115

ら

ランダムプロセス 38

り

リカレントニューラルネット 62
リカレントニューラルネットワーク 22, 37
リカレントニューラルネットワーク言語モデル 40
リフター 29
流ちょう性 66
量子化 27
履歴ベクトル系列 40
臨界制動応答 74

れ

励振源生成部 69
連続 HMM 80
連続音声認識 21
連続ガウス混合モデル 32

ろ

ローパスフィルタ 27

わ

話者内の異なり 19

A

adequacy 132

B

Bakis モデル 31
BLEU 66

C

CLDNN 38
CNN 37
connectionist temporal classification 23, 40
CTC 23

D

decoding 22
DFT 29
DNN 37, 86
DNN-HMM 38

E

end-to-end 38, 40, 41

F

fine tuning 38
fluency 132

G

GMM 32
GMM-HMM 22

H

HMM-LR 110
HMM 音声合成 77
HPSG 106, 111

I

IWSLT 68

K

Kirchhoff 9

L

Levensthein アルゴリズム 42
listen, attend and spell 41

long short term memory 22, 38
LPC 28
LR パーザ 106
LR 文法 110
LSTM 22, 38, 86
LVCSR 32

M

METEOR 67
MFCC 28
MSG 28

N

NIST スコア 67
noise source 13
noisy channel 13
N グラム言語モデル 39, 59

P

PLP 28
pretraining 38

R

RBM	38
receiver	13
restricted boltzman machine	
	38
RIBES	67
RNN	22
RNNLM	40

S

SampleRNN	92

Seleskovitch	8
Shannon	13
SSS	107

T

TDMT	113
TDNN	37, 108
TOEIC 音声翻訳評価法	117
TOEIC 換算値による翻訳出	
力文の評価法	66
tree-to-string 翻訳	56

V

Vauquois の三角形	44
Voice Conversion Challenge	
	90
v-Talk	111

W

WaveNet	92
Weaver	13
WFST	22
WMT	68

―――― 編著者・著者略歴 ――――

中村　哲（なかむら　さとし）
1981 年　京都工芸繊維大学工芸学部電子工学科卒業
1981 年　シャープ株式会社勤務（研究員）
1986 年　株式会社エイ・ティ・アール自動翻訳電話研究所勤務
1992 年　博士（工学）（京都大学）
1994 年　奈良先端科学技術大学院大学助教授
2000 年　株式会社国際電気通信基礎技術研究所
　　　　　音声言語コミュニケーション研究所室長，所長
2003 年　カールスルーエ工科大学客員教授
2006 年　情報通信研究機構グループリーダー，
　　　　　上席研究員，センター長，けいはんな研究所長
2007 年　ATR フェロー
2011 年　奈良先端科学技術大学院大学教授
2016 年　IEEE フェロー
2017 年　奈良先端科学技術大学院大学データ駆動型サイエンス創造センターセンター長
2018 年　奈良先端科学技術研究科情報科学領域教授（兼務）
　　　　　現在に至る

Sakriani Sakti（サクリアニ　サクティ）
1999 年　バンドン工科大学情報学科卒業
2000 年　Sumarno Pabotingi Associate
　　　　　Junior IT Consultant
2001 年　ダイムラー・クライスラー株式会
〜02 年　社勤務
2002 年　ウルム大学大学院修士課程（通信
　　　　　技術）修了
2003 年　株式会社国際電気通信基礎技術研
〜09 年　究所勤務
2006 年　情報通信研究機構
〜11 年
2008 年　ウルム大学大学院博士課程（工
　　　　　学）修了
　　　　　Dr.Ing.
2011 年　奈良先端科学技術大学院大学助教
2018 年　奈良先端科学技術大学院大学特任
　　　　　准教授
　　　　　理化学研究所革新革新知能統合研
　　　　　究センター研究員兼任
　　　　　現在に至る

Graham Neubig（グラム　ニュービッグ）
2005 年　イリノイ大学工学部コンピュー
　　　　　ターサイエンス学科卒業
2005 年　兵庫県立但馬農業高等学校勤務
2006 年　兵庫県庁勤務
〜08 年
2010 年　京都大学大学院修士課程修了（情
　　　　　報学専攻）
2012 年　博士（情報学）（京都大学）
2012 年　奈良先端科学技術大学院大学助教
2016 年　カーネギー・メロン大学助教
　　　　　現在に至る

戸田　智基（とだ　ともき）

1999 年　名古屋大学工学部電気電子・情報
　　　　工学科卒業

2001 年　奈良先端科学技術大学院大学情報
　　　　科学研究科博士前期課程修了（情
　　　　報処理学専攻）

2001 年　株式会社国際電気通信基礎技術研
～06 年　究所　研究員

2003 年　奈良先端科学技術大学院大学　情
　　　　報科学研究科　博士後期課程修了
　　　　（情報処理学専攻）
　　　　博士（工学）

2003 年　日本学術振興会特別研究員-PD
～05 年　（名古屋工業大学大学院工学研究
　　　　科）

2005 年　奈良先端科学技術大学院大学助手

2007 年　奈良先端科学技術大学院大学助教

2011 年　奈良先端科学技術大学院大学准教
　　　　授

2015 年　名古屋大学教授
　　　　現在に至る

高道　慎之介（たかみち　しんのすけ）

2009 年　熊本電波工業高等専門学校電子工
　　　　学科卒業

2011 年　長岡技術科学大学工学部電気電子
　　　　情報工学課程卒業

2013 年　奈良先端科学技術大学院大学情報
　　　　科学研究科博士前期課程修了（情
　　　　報処理学専攻）
　　　　情報通信研究機構短期間研究員

2014 年　カーネギー・メロン大学言語技術
　　　　研究所客員研究員
　　　　日本学術振興会特別研究員（DC2）

2016 年　奈良先端科学技術大学院大学情報
　　　　科学研究科博士後期過程修了（情
　　　　報処理学専攻）
　　　　博士（工学）

2016 年　東京大学大学院特任助教
　　　　現在に至る

音声言語の自動翻訳──コンピュータによる自動翻訳を目指して──
Introduction of Speech-to-speech Translation

Ⓒ 一般社団法人 日本音響学会 2018

2018 年 7 月 10 日 初版第 1 刷発行

検印省略	編　　者	一般社団法人 日本音響学会
	発行者	株式会社　コロナ社
	代表者	牛来真也
	印刷所	萩原印刷株式会社
	製本所	有限会社　愛千製本所

112-0011　東京都文京区千石 4-46-10
発行所　株式会社　コ ロ ナ 社
CORONA PUBLISHING CO., LTD.
Tokyo Japan
振替 00140-8-14844・電話(03)3941-3131(代)
ホームページ　http://www.coronasha.co.jp

ISBN 978-4-339-01338-2　C3355　Printed in Japan　　　　　（宝田）

本書のコピー，スキャン，デジタル化等の無断複製・転載は著作権法上での例外を除き禁じられています。
購入者以外の第三者による本書の電子データ化及び電子書籍化は，いかなる場合も認めていません。
落丁・乱丁はお取替えいたします。